AF855200

Bibliothèques de la Ville de Paris
Sorti des collections
Bibliothèques de la Ville de Paris

OGM

Conception graphique : Valérie Gautier
Préparation de copie : Christiane Keukens
Correction d'épreuves : Maud Sinet

ISBN : 978-2-603-01956-6

© Delachaux et Niestlé, Paris, 2013

Dépôt légal : mars 2013

Cet ouvrage ne peut être reproduit, même partiellement et sous quelque forme
que ce soit (photocopie, décalque, microfilm,
duplicateur ou tout autre procédé analogique ou numérique),
sans une autorisation écrite de l'éditeur.
Tous droits d'adaptation, de reproduction et de traduction réservés pour tous pays.

Frédéric Denhez

OGM
LE VRAI DU FAUX

MAIRIE DE PARIS
BIBLIOTHEQUE GLACIERE
132, rue de la Glacière
75013 PARIS
Tél. 01 45 89 55 47 - Fax 01 45 80 32 21
Écologie DEN

delachaux et niestlé

SOMMAIRE

INTRODUCTION
DÉTONATEUR

La publication des travaux du chercheur Gilles-Éric Séralini à la une du *Nouvel Observateur* le 19 septembre 2012, juste avant la revue scientifique internationale *Food and Chemical Toxicology*, a déclenché autant de bruit médiatique que de polémiques. En titrant « Oui, les OGM sont des poisons ! » à partir des travaux de Séralini qui n'ont porté que sur un seul organisme transgénique, le magazine a réussi un joli coup d'affichage : immédiatement, la une a été reprise par l'ensemble des médias et des commentateurs, en France comme dans le reste du monde. Le gouvernement français a réagi dans les heures suivantes, signalant qu'il allait revoir la certification des OGM et alertant la Commission européenne. Tout le monde s'est senti obligé de se positionner :

pro- ou anti-OGM. Le retour de bâton n'a pas été long : dans les jours qui ont suivi, des magazines et des journaux français et étrangers, nord-américains et britanniques notamment, et même la plus prestigieuse revue scientifique du monde, *Nature*, ont mis en cause à la fois le fond et la forme des travaux de Séralini.

La forme a particulièrement choqué. Le chercheur a en effet présenté ses résultats comme sûrs lors d'une conférence de presse, avant la mise en ligne du papier dans la revue internationale qui l'avait accepté. Les journalistes du *Nouvel Observateur*, coorganisateurs de l'événement, et ceux présents lors de la conférence de presse ont avoué avoir accepté un embargo leur interdisant de fait de vérifier, de comparer, de mettre en doute, d'enquêter, bref, de faire leur travail de journalistes, avant la publication du dossier dans le *Nouvel Obs* et surtout avant celle des travaux de Séralini dans *Food and Chemical Toxicology*. C'est donc un dossier à charge, sans beaucoup de recul, qui a été publié et a obligé commentateurs et politiques à prendre position dans l'urgence. Il faut dire que les photos de rats affligés de tumeurs représentant le quart de leur poids ont marqué les esprits. Pourtant, au dire même de Séralini, ces tumeurs n'étaient que des cas très rares. Pourquoi dès lors les avoir publiées, alors qu'il est très peu fréquent d'intégrer des photos dans une publication scientifique ? Pour de nombreux chercheurs, jouer ainsi sur l'émotion est un grave manquement déontologique.

Sur le fond, scientifiques et journalistes spécialisés de France et de l'étranger comme la revue *Nature* ont reproché à Séralini des manquements méthodologiques et statistiques rédhibitoires interdisant d'établir toute conclusion définitive. Bref, le petit monde politico-médiatique se serait un tantinet emballé. Et aurait transformé une simple publication scientifique, qui n'est pas plus sérieuse qu'une autre ni encore moins définitive par le seul fait qu'elle existe (être publié dans une revue à comité de lecture n'est pas la preuve que l'on a raison), en une opération de quasi-propagande contre les OGM. Tout en montrant avec justesse que des critiques méthodologiques pouvaient aussi être faites sur nombre de travaux plus positifs sur les OGM, les supporteurs de Séralini ont systématiquement accusé leurs contempteurs de n'être pas indépendants des industriels, enfermés qu'ils seraient dans des conflits d'intérêts. Oubliant que le travail de Séralini avait été en grande partie financé par le Comité de recherche et d'informations indépendantes sur le génie génétique (Criigen), association qui milite contre les OGM, et des groupes de grande distribution, dont Auchan, dont le but n'est pas plus philanthropique que celui poursuivi par Monsanto : gagner de l'argent. Peu importe, l'essentiel semble être que Séralini a raison parce que le monde entier affirme qu'il a tort. Des pro-OGM sont frappés par le syndrome de Galilée – des fous incompris – qui, en communication, est un grand classique.

Le plus étrange dans cette histoire est que personne n'a vu, dans ce désormais fameux numéro de *Food and Drug Toxicology*, un papier sur la toxicité des OGM de l'équipe de Yaxi Zhu dont la conclusion est : « *These results indicated that the GM glyphosate-tolerant maize was as safe and nutritious as conventional maize*[1]. » On peut manifestement tout dire sur les OGM.

L'« affaire » Séralini est en tout point désespérante. Que la publication du chercheur soit entachée d'erreurs méthodologiques (nombre de rats trop faible, souche de rats inadéquate, mauvais protocole statistique, interprétation hasardeuse des résultats, pas d'analyse des mycotoxines dévastatrices chez le rat et habituelles dans le maïs, ni du bisphénol A et des autres perturbateurs endocriniens émis par les cages en polycarbonate… sont les critiques les plus fréquentes) n'est pas le problème : tout travail scientifique est critiquable, c'est ainsi que la science avance. On peut d'ailleurs reprocher aux tests toxicologiques de Monsanto les mêmes faiblesses.

Le premier *hic* est la façon dont le travail de Séralini a été publié. Avant même d'être lu par ses pairs et par les journalistes spécialisés, il a fait l'objet d'une couverture et de longs développements dans un

1. « Ces résultats ont montré que le maïs transgénique tolérant au glyphosate est aussi sûr et aussi nutritif que le maïs conventionnel. »

magazine grand public, sans contradiction ni remise en cause. Cette étrangeté déontologique, outre le fait d'avoir mis en exergue les photos de rats gravement cancérisés, à propos desquels on peut se demander pourquoi on les a laissés souffrir à ce point avant de les euthanasier, tout cela laisse penser que l'objectif recherché était de marquer l'opinion par l'émotion. Ce qui a eu pour effet de rendre quasi inaudibles les critiques faites sur le travail de Séralini.

L'autre problème est d'ordre journalistique. Comment des professionnels ont-ils pu accepter d'écrire sur un travail scientifique sans l'avoir lu, puisqu'ils n'avaient pas le droit de le lire parce que Séralini avait « dealé » ses résultats avec un seul magazine ? Comment les membres de la rédaction dudit magazine ont-ils pu, de fait, s'interdire d'enquêter car on ne critique pas une exclusivité ? Comment ont-ils pu étendre à l'ensemble des OGM une publication qui ne concerne qu'une plante génétiquement modifiée (PGM) et un seul transgène ? Cette affaire n'a pas redoré le blason de la profession. Ni celui de la science, qui, vis-à-vis de l'opinion, a tout l'air d'avoir été, en la personne de Séralini, instrumentalisée pour asseoir une opinion. Les critiques se sont fait accuser, en gros, d'être tous pourris, quand ceux-là accusaient le médiatique Séralini de ne pas savoir faire de science. Qui croire ? Personne, si même la science, se donnant en spectacle comme n'importe quelle autre institution, se révèle aussi peu sérieuse et aussi peu honnête que la presse et la politique, à une époque où les Français, sondage après sondage, avouent ne plus avoir confiance en leurs institutions.

L'image qu'ont donnée les politiques dans cette affaire ne peut que renforcer les Français dans cette défiance. La France, qui a mis des années à réagir aux drames de l'amiante ou du sang contaminé, a réagi, quelques heures après la sortie en kiosques du *Nouvel Obs*, en demandant à l'Europe de surseoir à toute demande d'autorisation des OGM. La politique est censée être l'art de prendre son temps afin de bien mesurer les conséquences des décisions qui engagent la société vers son avenir. Elle a montré à cette occasion qu'elle s'agitait dans l'urgence. Ce n'est pas rassurant. Tout comme le constat désolant que, décidément, sur le dossier des OGM comme sur celui du nucléaire, des gaz de schiste ou des nanotechnologies, le débat est impossible : les critiques émises sur le travail de Séralini ont été immédiatement qualifiées de parti pris pro-OGM, en particulier par des politiques très tôt montés à la barricade (en particulier Dominique Voynet, Nathalie Kosciusko-Morizet, Corinne Lepage, Chantal Jouannot, François Grodsdidier), de même que les défenseurs de Séralini ont été rangés par les médias dans les rangs des anti-OGM. Pro- ou anti-OGM, il n'y a pas de place en France pour des opinions intermédiaires, nourries par les faits, juste les faits.

À tous ces titres – scientifique, déontologique,

journalistique, politique –, l'affaire Séralini est un désastre qui a fait oublier le sujet principal : les OGM sont-ils dangereux ou non pour la santé humaine ? C'était sans doute le but recherché. Tant qu'on n'avance pas dans un sens ou dans un autre, le « combat » continue et justifie l'existence de la comédie humaine qui le mène. Au moins aura-t-on pu découvrir qu'en France il n'existe pas d'indépendance parfaite de l'expertise parce que l'État n'en a pas – n'en a plus – les moyens financiers.

À l'heure où nous relisons ces épreuves, Corinne Lepage et Gilles-Éric Séralini ont porté plainte contre le journaliste de *Marianne*, Jean-Claude Jaillette, parce que ce dernier a rapporté dans un de ses papiers très critique à l'encontre de la publication de M. Séralini, les propos d'un scientifique américain la qualifiant de « fraude ». En France, les climatosceptiques nous avaient habitués à vouloir débattre du réchauffement climatique en public. Il faut croire qu'il s'agit maintenant de considérer la controverse scientifique comme une opinion qui peut se plaider. Un désastre, décidément, que cette affaire.

I
LES OGM, C'EST QUOI ?

CHAPITRE 1

DES HYBRIDES

Selon la définition officielle retenue par la Commission européenne, un organisme génétiquement modifié est « un organisme, à l'exception des êtres humains, dont le matériel génétique a été modifié d'une manière qui ne s'effectue pas naturellement par multiplication et/ou par recombinaison naturelle ». Soyons plus clair. Un OGM est un être vivant dont l'ADN a été modifié par l'homme, et seulement par lui. Ni la reproduction sexuée ou asexuée, ni une mutation, ni une recombinaison aléatoire entre chromosomes, ni une infection naturelle par un virus ou par une bactérie ne sont entrées en jeu. Autrement dit, un OGM est un organisme vivant artificiel, parce que la nature n'aurait pu, à elle seule, le faire apparaître. Il est issu non de l'air du temps, de l'évolution darwinienne, d'un aléa, mais d'un très ingénieux bricolage : l'homme a prélevé un ou plusieurs gènes ici et les a insérés là. D'une espèce à l'autre, et même d'un règne à l'autre, non seulement l'être humain est parvenu à se passer de la reproduction, trop lente et trop aléatoire pour « fabriquer » un être hybride, mais il a aussi réussi l'exploit de se passer de la barrière des espèces.

Une espèce est définie par son étanchéité génétique. Seuls ses membres peuvent se reproduire entre eux, et surtout, leurs descendants sont capables de le faire aussi. Les membres d'une espèce ne sont pas des pères et des mères en puissance, mais des grands-pères et des grands-mères ! Un éléphant ne peut ainsi fonder une famille en compagnie d'une lionne, et un baobab ne saurait être vendu dans une grande surface de jardinage sous la forme d'un hybride de chrysanthème. Pourtant, il existe des hybrides bien vivants de lion et de tigre, de cheval et d'âne, et même de grizzly et d'ours polaire ! Toutefois, ligron et tigron, mule et mulet, pizzly et grolar (eh ! oui…), mais aussi coquard (hybride de faisan et de poule), dzo (hybride de yak et de vache) ou encore léopon (léopard et lionne), à de très rares exceptions près, sont infertiles. Leurs spermatozoïdes et leurs ovules sont fonctionnels, mais le matériel génétique qu'ils contiennent n'est pas complet. Les individus qu'ils produisent sont donc viables, mais puisque leur nombre de chromosomes est le plus souvent impair, ils produisent des spermatozoïdes et des ovules avec un nombre de chromosomes différent (la parité est requise dans l'univers des gamètes). Ce qui interdit la réussite de la fécondation. Les très rares hybrides ayant réussi à se reproduire étaient en vérité issus d'espèces extrêmement proches, comme le cochon et le sanglier. D'autres, comme le blé (voir I, chapitre 11), n'ont dû leur réussite qu'au « miracle » de la polyploïdisation : le doublement, au minimum, du lot de chromosomes issu de chaque espèce parente au sein de l'espèce hybride leur a permis de continuer de s'apparier. Très complexe, la polyploïdisation avait très peu de chances d'apparaître. Elle a quand même eu lieu, ce qui prouve que la barrière des espèces peut être franchie sans intervention humaine, même si c'est avec une très faible probabilité.

CHAPITRE 2
DES OBJETS DE LABORATOIRE

Comment passer la barrière des espèces et ainsi fabriquer un OGM ? C'est simple sur le papier, effroyablement complexe en réalité. Un chercheur repère le gène qui l'intéresse. Il le découpe grâce à des ciseaux moléculaires, qu'on appelle « enzymes de restriction ». Il place à une extrémité du gène découpé une série d'acides nucléiques (les briques du gène) qui faciliteront son insertion dans le génome de l'organisme hôte. Cette série, appelée « promoteur », est le plus souvent un morceau du virus responsable d'une maladie, la mosaïque du chou-fleur (le CaMV). À l'autre extrémité, le chercheur installe un « terminateur ». Promoteur, gène, terminateur, l'ensemble forme une « cassette ». Et l'ensemble des cassettes utilisées par le chercheur pour son expérience de transgenèse porte le nom d'« événement » : c'est lui qui sera peut-être déclaré et fera l'objet d'un brevet.

Formée, la cassette est ensuite intégrée dans un plasmide (voir I, chapitres 3 et 7 ; III, chapitres 1, 2 et 3). Le plasmide est un morceau d'ADN circulaire distinct de l'ADN du chromosome de la bactérie, et qui se multiplie de façon autonome. Chaque fois que le plasmide se multiplie, le gène « transfecté » est copié. La cassette également. Le chercheur récupère enfin tous les plasmides, qu'il injecte dans une autre bactérie. C'est celle-ci qui, au contact de la plante à modifier, lui transférera ses plasmides par le phénomène de conjugaison : une bactérie peut un temps fusionner sa paroi avec celle d'une autre cellule de façon à transmettre une copie de son plasmide. De la sorte, le gène est transféré (transfecté) à l'organisme receveur. On peut dire que le gène objet de l'attention du chercheur est un courrier, le plasmide son enveloppe, l'ultime bactérie, le facteur. Reste à savoir si la lettre sera ouverte et bien lue ! Et pour cela, le chercheur n'a plus qu'à attendre. Pour savoir si le gène a bien été transfecté, il n'y a en effet qu'un seul moyen : attendre que ça pousse, constater que l'organisme modifié – transgénique – dispose bien du caractère transféré, l'exprime, puis voir s'il en est de même à la génération suivante, si celle-ci apparaît. La bonne insertion du gène est donc constatée *a posteriori*. Pas *a priori*.

La bactérie infestante le plus utilisée vit dans le sol. Elle est responsable d'une sorte de tumeur de la charnière entre tige et racines, le collet. Raison pour laquelle elle porte le nom d'*Agrobacterium tumefasciens* (« bactérie des sols agricoles responsable de tumeur », voir I, chapitre 3). Cette technique est efficace, car elle permet d'insérer le gène à peu près où on le souhaite, notamment pour modifier le tabac, le colza ou la pomme de terre. Mais que faire avec les plantes que n'infeste pas ce germe microbien ? Car il y en a plein ! Dont le maïs, principal végétal à faire l'objet de la transgenèse. Pour celui-là, les chercheurs ont inventé… le canon à gènes : un mécanisme qui bombarde les cellules du maïs avec des microbilles d'or ou de tungstène sur lesquelles sont disposées des milliers de cassettes. Ces obus pénètrent de force la paroi cellulaire puis, ralentis par la pénétration, transitent lentement vers le noyau. Le succès est si aléatoire qu'il faut attendre des mois pour le constater.

Quant aux manipulations faites sur l'homme, dans le cadre de la thérapie génique, leur vecteur est un virus.

La conclusion de tout cela est qu'un OGM est une création. Un objet de laboratoire. Une synthèse entre deux espèces que l'homme « offre » à la nature afin que cette dernière décide si cette synthèse est viable ou non.

La transgenèse ne consiste pas seulement en l'introduction d'un gène. Elle peut aussi en réprimer. La tomate FavStar développée au Canada pour tenir longtemps sur les étals avait été modifiée de façon que le gène responsable de sa maturation ne fonctionne pas (voir I, chapitre 3). Comment procèdet-on ? En utilisant une découverte de pure recherche fondamentale, les ARN interférents.

L'ARN est l'inverse de l'ADN. Il est la copie en négatif de la série de nucléotides portée par le gène, comme une bande autocollante posée, puis décollée. C'est sur cette bande (appelée ARN messager ou ARNm) que d'autres ARN, les ARN de transfert (ARNt), chacun portant un acide aminé, vont se coller momentanément en regard de chaque triplé de nucléotides (le code génétique fonctionne par trois). Au fur et à mesure, les ARNt se posent, s'associent, et les acides aminés sont reliés suivant le code contenu dans le gène, dans le bon ordre, pour former une protéine. En 1998, Craig Mello et Andrew Fire ont identifié de drôles de morceaux d'ARN qui ne participaient pas à ce processus. Bien au contraire : selon eux, cet ARN-là s'associait à l'ARNm… pour le détruire ! Au départ sceptique, le monde des biologistes finit par comprendre la réalité et surtout la portée de cette découverte, qui valut à ses auteurs un prix Nobel en 2006, huit ans seulement après leur publication, un record. C'est assez dire son importance dans l'histoire de la science. Baptisées ARNi, pour « interférents », ces molécules joueraient en effet un rôle de premier plan dans la régulation de l'expression d'un gène, voire dans sa répression. Elles se lient aux différents ARNm qui passent du noyau au corps cellulaire pour être lus par les ARNt. Accolées à des protéines, elles parcourent les ARNm. Dans le cas où ceux-ci leur correspondent, les ARNi déclenchent un processus très complexe à l'issue duquel l'ARNm ne peut plus être lu, ou bien est détruit. Il n'y a donc pas alors de synthèse de la protéine codée par le gène. Les chercheurs ont vite compris ce qu'ils pouvaient faire avec cette sorte de système immunitaire du génome : bloquer l'expression de gènes indispensables aux virus comme celui responsable du HIV pour fabriquer des vaccins plus efficaces ou pour empêcher des tumeurs de fabriquer les vaisseaux sanguins qui les nourrissent.

L'utilisation thérapeutique des ARNi est une révolution dans le monde de la biologie, dont profitent aussi les industriels de la transgenèse, qui se sont aperçus que les plantes avaient la bonne idée de conserver les ARNi après leur synthèse, contrairement à l'être humain, qui les détruit après usage. Non seulement elles les conservent, mais elles les multiplient et les diffusent dans toutes leurs cellules. Ainsi, en injectant dans une plante une copie d'un gène déjà présent dans son génome, les chercheurs sont parvenus à provoquer une réaction de contrôle qui, censée empêcher l'expression du gène introduit, s'est traduite par l'inhibition de ce gène, et de celui déjà présent. Mieux : l'inhibition perdure après la division cellulaire. C'est ainsi que la tomate qui mûrit lentement, très lentement, a pu voir le jour. Les nombreux essais de plantes génétiquement modifiées pour corriger leur toxicité ou leur allergénicité sont eux aussi fondés sur l'inhibition de la synthèse de protéines par des ARNi.

CHAPITRE 3

NÉS IL Y A QUARANTE ANS

L'histoire des OGM, c'est d'abord celle de l'ADN, de la découverte de l'universalité du code génétique. Elle commence avec un génie ignoré, Gregor Mendel (voir I, chapitre 12). Au cours des années 1850, ce moine autrichien hybride des pois dans son monastère de l'actuelle République tchèque. Il reproduit entre elles des lignées selon leurs couleurs, la forme et la taille des pois. Pourquoi ? Parce que, comme tant d'autres naturalistes, il aimerait savoir comment les caractères héréditaires (couleur des yeux, taille, forme du visage…) s'héritent. Dans la pensée de l'époque, les caractères s'obtiennent par addition de ceux de la génération précédente. Un peu comme de la couleur qu'on obtient par mélange de deux couleurs complémentaires. Ou un métis à partir de parents noir et blanc : l'échelle des teintes dans la descendance des esclaves, qui avait fondé la hiérarchie sociale des colonies à sucre par la teinte de la peau (du noir au blanc), était une base forte de réflexion. En 1866, les observations patiemment transcrites de Mendel aboutissent à l'établissement d'un système de règles dirigeant la transmission des caractères : ceux-ci sont portés par des « facteurs » matériels encore inconnus, qui se répartissent entre « dominants » et « récessifs ». Pour qu'un caractère s'exprime à la génération suivante, il faut que cette génération hérite de ses parents au moins un facteur dominant. Deux récessifs ne produisent rien.

Sans doute trop nouveaux, les travaux de Mendel passent inaperçus. Ils sont pourtant révolutionnaires, car ils fondent une discipline qui n'existe pas encore, la génétique. Il faut attendre le début du XXe siècle pour que des scientifiques tels De Vries et Bateson rendent à Mendel le mérite que la science lui devait. Mais que sont ces « facteurs » ? En étudiant la mouche du vinaigre – la drosophile –, Thomas Hunt Morgan démontre qu'à défaut d'en connaître la nature, il est certain qu'ils sont alignés sur ces « chromosomes » qu'on a identifiés en 1888 comme étant de grosses molécules phosphorées contenues dans le noyau de chaque cellule. Ce n'est qu'en 1944 avec Avery, MacLeod et McCarty, puis en 1953 grâce à Franklin, Wilkins, Watson et Crick que l'humanité apprend que les gènes ne sont pas des protéines mais des éléments de cette étrange molécule phosphorée, l'ADN, dont la structure intime est dévoilée. Voilà le facteur de Mendel enfin connu. Reste à savoir comment l'on passe de ce facteur au caractère, autrement dit du gène à la protéine. Les Français Monod, Jacob et Lwoff répondront à la question en 1965 en décrivant tout le processus de « traduction » de l'ADN.

Dès lors, la recherche avance très vite. Identifié, le gène peut être découpé sur l'ADN par des enzymes de restriction, découvertes en 1965. Isolé, il peut être « cultivé » dans des bactéries. Surtout, grâce à Nirenberg, Holley et Khorana, l'on se rend compte que le gène est présent dans tous les organismes vivants : le code génétique est universel. S'il l'est vraiment, il peut s'exprimer dans une espèce ou dans une autre. Peu importe le support, en fait. En 1973, un premier gène d'amphibien est intégré dans le génome d'une bactérie. Un an auparavant, des chercheurs avaient réussi à mêler le génome d'un virus à une bactérie, sans pour autant parvenir à ce que ce nouveau matériel génétique fût répliqué. L'année 1978 est celle où, pour la première fois, une bactérie génétiquement modifiée produit de l'insuline humaine. Elle sera commercialisée dès 1982. En 1980, on découvre qu'une bactérie du sol – *Agrobacterium tumefasciens* (voir I, chapitre 2) – est capable, grâce à son plasmide, de transférer ses gènes aux cellules d'une plante : les chercheurs la « retournent » alors pour qu'elle leur serve de vecteur. En y insérant un gène, extrait d'un organisme, puis en plaçant la bactérie au contact d'un autre organisme, on parvient plus facilement qu'avant à l'intégrer.

En matière de production végétale, les avancées sont rapides : la première plante génétiquement modifiée voit le jour en 1983, c'est un tabac résistant à un antibiotique ; le premier OGM résistant à son parasite apparaît deux ans plus tard, c'est encore un tabac exprimant une protéine du bacille de Thuringe (ce tabac transgénique est dès lors renommé tabac Bt, voir I, chapitre 9 ; II, chapitre 3 et III, chapitres 3 et 4) ; les premières plantations hors laboratoire datent de 1986 ; le premier OGM commercialisé, la FlavStar à la maturité retardée, l'est au Canada en 1994 ; les premières grandes cultures démarrent aux États-Unis en 1995… Quant au premier animal transgénique, c'est une souris, « née » en 1982.

CHAPITRE 4
DES OBJETS D'ÉTUDE

Les animaux transgéniques existent depuis une trentaine d'années dans les laboratoires de recherche. Surtout les souris et, dans une moindre mesure, les rats (plus difficiles à « bricoler ») sans qui les biologistes seraient aveugles, ainsi que la drosophile et le poisson zèbre, des modèles pour les généticiens. Pourquoi modifier le génome de ces animaux ? Pour tester une hypothèse sur les fonctions remplies par un gène humain, la toxicité d'une molécule, le développement d'une maladie.

Les chercheurs identifient un gène qui jouerait un rôle dans la prédisposition humaine à un cancer ou à une maladie neurodégénérative. Ou, plus simplement, ils souhaitent découvrir comment tel gène s'exprime, pour quelle protéine il code, de quelle façon il est contrôlé et ce qu'il contrôle éventuellement. Les chercheurs l'isolent, le multiplient et l'introduisent dans le génome d'une souris, plus rarement d'un rat. L'animal devient alors un *knock-out*. Ensuite, les chercheurs attendent. Pour voir si, effectivement, ce gène prédispose bien à la maladie et ce qu'il fait exactement. Ou alors ils procèdent à l'envers : plutôt que de transférer un gène, ils font muter ou disparaître le gène dans l'ADN du rat, puis regardent ce qui se passe dans la physiologie et le comportement de l'animal. Cette mutagenèse, technique concurrente de la transgenèse, crée aussi des animaux *knock-out* et permet de répondre à la question simple : « Je pense que cette maladie est déclenchée par la mutation de tel gène, ai-je raison ? »

La manipulation génétique de la souris a été à l'origine d'une révolution dans les sciences du vivant au milieu des années 1980. Les animaux transgéniques nous ont permis de faire des progrès considérables dans la connaissance de notre système immunitaire, le fonctionnement de notre cerveau, les mécanismes de la cancérisation. De nouveaux « modèles » sont aujourd'hui développés afin de « coller » toujours le plus possible à la réalité de nos maladies. Les singes (ouistitis et macaques, notamment) et les cochons sont l'objet de toute l'attention des chercheurs.

Précision : les souches de rats et de souris de laboratoire ont presque toutes été développées par croisements, pas par mutagenèse ni transgenèse. Chez le rat, elles sont issues pour la plupart de rats albinos (tout blancs) de la race Wistar. Au sein de chacune, les individus se reproduisent entre eux, afin que leur génome reste homogène. Celle qui a servi à Séralini, ainsi qu'à Monsanto, s'appelle Spraque Dawley. Il y a aussi Fischer 344, Lister, Long Evans, Holtzman et beaucoup d'autres : chacune répond à un type d'expérimentation.

CHAPITRE 5
DES MÉDICAMENTS

Il est assez troublant de constater que nous hurlons volontiers contre les OGM-plantes, les PGM, surtout celles qui finissent dans notre estomac, alors que nous tolérons beaucoup de produits issus d'OGM qui circulent heureusement dans notre sang. C'est que ceux-là œuvrent à notre bonne santé, voire à notre survie.

Un nombre croissant de principes actifs de médicaments sont en effet issus d'organismes génétiquement modifiés. C'est d'ailleurs par eux que l'aventure des OGM est devenue industrielle il y a une trentaine d'années. L'hormone de croissance fut l'une des premières molécules thérapeutiques à avoir été produites par génie génétique : modifiées, des bactéries sont devenues des usines à hormones, ce qui nous a permis de ne plus prélever ladite hormone sur l'hypophyse de cadavres humains « frais ». Le scandale de la maladie de Creutzfeldt-Jacob, échappée, à dos de prion, d'hypophyses humaines douteuses, est la preuve *a posteriori* de la supériorité de la technique de modification du génome de certains organismes sur le prélèvement classique de produits humains ou animaux. C'est pour une même raison sanitaire que l'insuline nécessaire à la dialyse des malades de diabète de type I n'est plus produite par les porcs, qui nous sont pourtant du point de vue immunitaire si proches. C'est un être bien plus petit, une bactérie de la famille des colibacilles, qui en a été chargée dès le début des années 1980. Depuis, une foule de molécules « lourdes » est banalement fabriquée par des bactéries, des levures et des champignons microscopiques. Une centaine, et le nombre croît chaque année. Citons l'érythropoïétine (l'EPO si chère au cœur des coureurs cyclistes), des interférons (des messagers intercellulaires), des cytokines, des hormones thyroïdiennes, des facteurs de coagulation (tels que les facteurs VIII et IX, dont dépend la survie des hémophiles), la liste est longue. On peut y ajouter le vaccin contre l'hépatite B. Le seul souci de ces molécules est qu'elles sont grosses, très grosses même : il faut donc les injecter, parce qu'elles ne peuvent être ingérées.

À moins qu'elles ne soient directement produites par des aliments tels que la pomme de terre ! Ces

« alicaments » (aliments-médicaments) futurs n'en sont qu'au stade du laboratoire. En attendant de les voir chez le primeur, les chercheurs essaient de passer à l'étape supérieure : passer du micro-organisme à l'OGM visible, de la bactérie à la plante et à l'animal. Le tabac et le maïs sont de bons candidats. Pourtant, cultiver des plantes nécessite de la surface, des moyens, du personnel, des intrants chimiques coûteux, toxiques et polluants. Mais voilà, affirment les industriels, à l'inverse des micro-organismes, les plantes savent faire la nécessaire transformation sans laquelle les protéines (toutes ces molécules sont des protéines) ne seraient pas fonctionnelles : la plupart nécessitent, par exemple, d'être « glycosylées », c'est-à-dire agrémentées de sucres. Le code génétique a beau être universel, il ne suffit pas de transférer un gène d'une espèce à l'autre pour que la protéine codée soit exactement la même. En particulier, les protéines des organismes très supérieurs tels que l'homme. Cela dit, dans certains cas, la levure comme des cellules d'insectes ou de hamster sont capables d'effectuer correctement ces indispensables « transformations post-réductionnelles ». C'est d'ailleurs des « réacteurs » à cellules d'ovaires de hamster qui fabriquent notre vaccin contre l'hépatite B. L'organisme transgénique animal est dans le cas présent réduit à une culture cellulaire. Quoi qu'il en soit, toute protéine humaine produite par un autre organisme que l'homme exige d'être au moins purifiée, retravaillée avant d'être injectable. Ce qui conduit à des pertes pouvant aller jusqu'à cinquante pour cent, et à un surcoût important.

La recherche avance, et des essais en plein champ ont été conduits. Du tabac transgénique est ainsi capable de synthétiser, uniquement dans ses feuilles, de la lipase pancréatique, une enzyme nécessaire aux malades frappés de mucoviscidose jusqu'à présent fabriquée par des porcs. D'autres essais sont menés sur des plantes productrices de collagène, de précurseurs de l'hémoglobine ou encore de capsules de virus, afin de rendre ceux-ci reconnaissables par notre système immunitaire et donc destructibles : un vaccin produit par une plante.

Pour autant, la culture n'est pas l'unique moyen de faire produire des molécules à des végétaux : les cellules végétales sont en effet totipotentes, c'est-à-dire qu'une cellule de racine peut devenir cellule de feuille ou de tige. *A priori* donc, une souche transgénique de tabac ou de maïs pourrait se résumer à une culture cellulaire en laboratoire. Dont les produits seraient encore plus faciles à récolter que les feuilles. De même que ceux qui seraient éliminés naturellement dans le lait de vaches ou de chèvres génétiquement modifiées. Rosita, en Argentine, est une génisse transgénique qui exprime les gènes humains codant pour la lactoferrine et le lysozyme, deux protéines très efficaces dans la lutte contre les infections que les femmes produisent en quantité dans leur lait, mais les vaches, pas assez.

L'idée est de pouvoir, demain, proposer aux femmes non allaitantes du lait maternisé contenant « naturellement » ces deux molécules. En Nouvelle-Zélande, une autre vache a été modifiée de façon à produire un lait exempt de bêta-lactoglobuline, principal responsable de l'allergénicité chez les 4 % d'êtres humains qui ne supportent pas le lait. Essai peu concluant.

Dans l'avenir, les chercheurs espèrent pouvoir faire produire aux vaches et aux chèvres les grosses molécules utilisées en médecine, aussi bien l'insuline que les fragments de virus composant les vaccins. Transformé en yaourt, le lait-médicament serait une seringue indolore.

CHAPITRE 6

DES PIÈCES DE RECHANGE

Le grand problème posé par les organes transplantés est qu'ils sont systématiquement rejetés par l'organisme receveur. Les progrès considérables de la pharmacie ont permis toutefois de limiter les conséquences de ce rejet : les médicaments immunosuppresseurs, dont la cyclosporine, le plus célèbre d'entre eux, endorment en effet le système immunitaire du receveur afin qu'il ne rejette pas l'invité. Effet secondaire majeur, le système immunitaire, endormi, peine à réagir aux infections, et les patients tombent plus souvent malades, voire développent plus facilement certaines tumeurs.

Pourquoi donc ne pas transplanter des organes qui, certes étrangers à l'organisme receveur, auraient été préalablement modifiés de façon à montrer patte blanche à notre système de défense ? La voie tentée est bien celle des OGM. Faire fabriquer nos organes par des animaux génétiquement modifiés, ce qui aurait aussi pour intérêt de pallier le déficit croissant d'organes à prélever. La population vieillit, il y a donc statistiquement plus de demandes, et en même temps, la prévention a fait que les accidents de la route et les accidents vasculaires cérébraux ont beaucoup diminué, ce qui a considérablement réduit l'offre en organes « frais ». Résultat, en Europe, le nombre de patients sur liste d'attente pour une transplantation augmente de 4 % chaque année depuis le début de ce siècle.

L'animal le plus intéressant pour nous n'est pas un de nos cousins primates, mais le porc. Tant décrié, et pourtant si proche de nous : l'anatomie d'un cochon, comme son système immunitaire, nous est semblable à un point troublant. Transplanté, un foie de cochon provoque moins de rejet qu'un foie de babouin. Depuis des années, des laboratoires essaient deux voies différentes : modifier le génome du cochon afin que ses cellules ne présentent plus en surface la galactoside transférase, une enzyme qui, parce qu'elle n'existe pas chez nous, déclenche de notre part une brutale réaction de rejet – pari testé depuis 2009 par une équipe sud-coréenne ; ou bien bricoler l'ADN porcin de façon que les cellules présentent en surface les composants de notre propre système de reconnaissance immunitaire, de compatibilité cellulaire, l'HLA (*Human Leucocyte Antigen*).

Toutefois, rien ne montre que de telles manipulations suffiraient. Voire, elles pourraient être pires que le mal. En 2004, l'Organisation mondiale de la santé (OMS) a voté une résolution appelant ses États membres à « n'autoriser les greffes xénogéniques que lorsque les mécanismes de contrôle réglementaire et de surveillance efficaces relevant des autorités sanitaires [seront] en place ». Pourquoi une telle inquiétude ? Parce que la transplantation non rejetée d'un organe exogène (qui vient d'ailleurs), porcin en l'occurrence, serait la voie royale pour l'infection de l'homme par un virus animal tel que l'inquiétant rétrovirus endogène porcin. Endormi chez le cochon avec lequel il est en quelque sorte en symbiose, celui-ci ne pourrait que se réveiller chez l'homme et y faire potentiellement des ravages.

La recherche a des idées, mais elle piétine. D'ici à ce qu'elle se remette à avancer, notre corps aura peut-être déjà absorbé des milliards de bactéries génétiquement modifiées censées nous garantir contre certaines maladies : en 2012, par exemple, une équipe française de l'Institut national de la recherche agronomique (INRA) est parvenue à bricoler l'ADN de souches bactériennes intestinales pour leur faire exprimer une protéine anti-inflammatoire humaine, l'élafine, ce qui soulagerait considérablement les malades atteints par la rectocolite hémorragique et la maladie de Crohn, des pathologies aussi invalidantes que mal soignées. Et comment nous injecterait-on ces bactéries ? Par le yaourt ou tout autre produit laitier !

CHAPITRE 7
DES « VACCINS »

Bricoler une plante ou un cochon, une levure ou un peuplier tremble est assez facile. Un homme, c'est autre chose. Cela s'appelle la thérapie génique. En théorie pourtant, c'est la même affaire. Améliorer un organe malade en remplaçant son gène défectueux par une copie « propre », réprimer dans un autre un gène s'exprimant trop, on sait déjà faire grâce à la transgenèse ou l'utilisation d'ARNi. Chez l'homme, c'est plus difficile, car, sans parler de morale et d'éthique, l'être humain est bien plus complexe que les organismes que nous avons l'habitude d'« améliorer ». Voilà pourquoi la cartographie de notre génome a été établie. Ce n'est pas tout : on ne peut pas se permettre le moindre doute sur l'insertion au bon endroit de l'ADN du « gène-médicament » que l'on souhaite introduire dans les cellules du malade. La vie d'un homme vaut un peu plus que la bonne santé d'un plant de soja. Le moyen le plus efficace que l'on ait trouvé est semblable à celui utilisé pour modifier le colza : les chercheurs se servent d'un virus qui ira porter le gène jusqu'à l'ADN. C'est d'ailleurs cette capacité qui explique la dangerosité des virus. Une capacité que les virus utilisent pratiquement pour chaque type de tissu, d'organe, voire de cellule. Il existe des virus spécifiques au foie ou au rein, par exemple. Il existe aussi des virus particuliers qui, non contents d'introduire leurs gènes entre ceux de certaines cellules de notre organisme, sont répliqués chaque fois que les cellules se divisent. Ce sont les rétrovirus, bien connus depuis l'apparition du sida. Au préalable, le virus vecteur est débarrassé des gènes qui lui permettent justement de se multiplier et de ceux responsables de sa pathogénicité. L'efficacité n'est toutefois pas toujours au rendez-vous, et ce vecteur, par sa taille, ne peut porter que des gènes de petite taille. D'autres essais sont conduits avec des plasmides (voir I, chapitres 2 et 3 ; III, chapitres 1, 2 et 3), comme c'est le cas pour les plantes.

Une autre façon de « corriger » les cellules d'un malade est de réparer directement l'ADN défectueux, le gène déficient, au moyen d'enzymes, d'ARNi ou d'autres types d'ARN, les « antisens » (en gros, une fois posés sur l'ARNm, ils permettent d'en éviter les erreurs de lecture). Des molécules que l'on introduit ou que l'on fait produire sur place par des gènes transfectés ou des cellules-souches modifiées.

La thérapie génique, comme la transgenèse appliquée aux variétés et aux races domestiques, est riche de promesses. Toutefois, comme elle, il y a loin des rêves aux réalités de demain. En effet, si modifier un gène responsable d'une maladie héréditaire monogénique (dont un seul gène est responsable) est relativement facile, surtout si la maladie ne concerne qu'un seul type de tissu comme le sang, encore que l'on en soit au stade du balbutiement en ce qui concerne l'identification des gènes responsables, cela devient infiniment complexe avec les maladies plurigéniques (dont plusieurs gènes sont responsables). Pis, comme chez les semenciers, les chercheurs en thérapie génique ont du mal à savoir si le gène qu'ils ont transfecté ou qu'ils ont modifié s'exprime correctement, si son expression est durable dans le temps et, surtout, si, avec le gène, ils n'ont pas aussi transféré les conditions pour que des effets secondaires graves apparaissent, comme un cancer. Des maladies comme la bêta-thalassémie, l'hémophilie, la myopathie de Duchenne, la drépanocytose ou encore la mucoviscidose sont aujourd'hui de bonnes « candidates » en laboratoire. Des essais cliniques sont en cours pour certaines.

D'autres le sont aussi pour des maladies non héréditaires, d'origine non génétique, comme les maladies neurodégénératives, cardiaques ou les cancers. L'idée est d'apporter à l'organisme le gène qui lui manque, le gène correcteur, la version propre du gène corrigé, par un vaccin : le virus atténué viendra porter son colis directement sur l'ADN à réparer ou à épauler – le virus… ou des microbilles d'or, comme, décidément, pour certaines plantes transgéniques. Dans le cas des cancers, les travaux portent pour l'essentiel sur l'introduction de gènes codant pour des protéines empêchant la création des vaisseaux sanguins sans lesquels meurt la tumeur (le processus d'angiogenèse). À l'inverse, les malades du cœur pourraient demain bénéficier de gènes codant pour des protéines accélérant la formation des vaisseaux nourriciers du muscle cardiaque. Ce vaccin génique est très prometteur, mais il inquiète certains scientifiques qui se demandent si le bout d'ADN ainsi introduit ne va pas finir par s'intégrer au génome, auquel cas c'est tout l'homme qui serait génétiquement modifié.

CHAPITRE 8
DES PROMESSES

Sur ces principes, la transgenèse permet de tout envisager. Le code génétique étant universel, le gène peut être considéré comme nomade. Le caractère intéressant d'une espèce peut ainsi *a priori* être transféré à une autre : en bricolant le génome, l'homme se soustrait aux lois biologiques fondamentales pour fabriquer, *in fine*, les organismes artificiels qui sont utiles à son commerce et à son bien-être. Les promesses des biotechnologies sont donc sans limite, hors l'imagination. Demain, les animaux domestiques pourront fabriquer les grosses molécules très complexes que l'industrie pharmaceutique a du mal à concevoir par la voie de la chimie. Modifiés à partir du matériel génétique de races rustiques, des animaux domestiques produiront toujours plus de lait et de viande dans des conditions difficiles – sécheresse, salinité, milieux humides, grand froid… Afin de limiter les « externalités » environnementales, vaches et cochons sortis des laboratoires de transgenèse feront la même chose qu'aujourd'hui en émettant moins de méthane et de phosphates. Pour répondre aux demandes des consommateurs en matière diététique, le génome des races à viande pourra être travaillé de façon que ces races produisent une viande moins grasse, plus tendre, tenant mieux à la cuisson. Tout est possible, en théorie, tous ces exemples ont été ou seront bientôt testés, ce n'est qu'une question de temps.

En matière botanique, tout est aussi possible. Le Graal de tous les chercheurs serait de pouvoir transfecter aux cultures les plus consommatrices en engrais azotés, comme les céréales, les gènes permettant aux légumineuses (luzerne, pois…) de capter elles-mêmes l'azote présent dans l'air. Ce serait là une avancée considérable. En attendant, des essais sont en cours pour réduire la teneur en lignine des arbres utilisés pour fabriquer du papier. La lignine doit en effet aujourd'hui être séparée de la cellulose par des procédés chimiques aussi toxiques pour les ouvriers que pour l'environnement. Les premiers peupliers ainsi modifiés poussent au Canada. Une autre voie de recherche est d'augmenter ou d'offrir la capacité qu'ont certaines plantes à pousser sur des sols pollués. Cela permettrait d'accélérer le long processus de

« phytoréhabilitation » des sites industriels grâce auquel on peut, en quelques années, assainir un sol par les plantes capables de stocker les métaux lourds dans leurs tissus. La recherche cible en particulier les gènes responsables, chez certaines plantes, du stockage ou de la métabolisation des pesticides organochlorés, qui constituent un énorme problème environnemental, compte tenu de leur toxicité à long terme et de leur très faible biodégradabilité dans le sol. Transférer aux céréales des gènes de résistance aux métaux lourds augmenterait aussi la surface cultivable. Dans le même objectif, les chercheurs travaillent sur la caractérisation de la résistance à la sécheresse et à une salinité élevée. Transférée chez certains arbres et arbustes, cela pourrait démultiplier les plantations luttant contre l'avancée des déserts et accroître considérablement la surface agricole utile (SAU) mondiale. En ce qui concerne les fruits et légumes, la recherche travaille essentiellement sur l'amélioration de la conservation « naturelle » : faire en sorte, par le génie génétique, de diminuer les pertes dues au transport, au stockage ou à une rupture de la chaîne du froid. Bref, retarder le mûrissement autrement que par la pulvérisation de produits chimiques. La tomate FlavStar ainsi modifiée avait été mise sur le marché en Amérique du Nord, sans succès, car son goût était, paraît-il, déplorable (voir I, chapitres 2 et 3). Elle a été condamnée à l'industrie du ketchup et de la sauce tomate.

CHAPITRE 9
DU MON810

Depuis le livre de Marie-Monique Robin (*Le Monde selon Monsanto. De la dioxine aux OGM, une multinationale qui vous veut du bien*, Éditions de la Découverte, 2008), la firme américaine Monsanto fait peur. Elle est le nouveau croquemitaine de nos consciences. Pour preuve, c'est elle qui, nouvellement arrivée sur le marché de semences agricoles, est devenue leader incontesté des produits génétiquement modifiés avec notamment le Mon810, nom de code d'une variété de maïs capable de résister toute seule à son pire ennemi, la pyrale.

La pyrale (*Ostinia nubilabis*) est un lépidoptère qui ressemble à une mite. Comme la mouche dans la bouse, la pyrale femelle pond ses œufs fécondés dans un plant de maïs. Ainsi les larves et les chenilles une fois écloses ont-elles le gîte et le couvert. Elles se nourrissent du maïs jusqu'à se métamorphoser en pyrales, et le maïs meurt. Pondant à l'intérieur d'un plant de Mon810, la pyrale ne se doute pas de ce qui attend sa progéniture : dévorant le végétal qui les accueille, les chenilles absorbent une molécule qui les tue, une protéine dénommée Cry1A (b). Celle-ci est d'ordinaire synthétisée par une bactérie commune du sol, le bacille de Thuringe (*Bacilus thuringiensis*), ou Bt (voir I, chapitre 3 ; II, chapitre 3 et III, chapitres 3 et 4). Mais les gènes responsables de sa fabrication ont été transfectés par Monsanto au maïs lui-même. Lequel est donc désormais une plante « Bt », un maïsBt.

Est-ce que la plante parvient réellement à se défendre seule contre son principal parasite ? Autrement dit, est-ce que la cultiver permet au cultivateur d'épandre moins de pesticides néfastes à la santé ? Il n'y a aucune certitude : tout dépend des régions où le maïs génétiquement modifié est implanté et, surtout, de son niveau d'infestation par la pyrale. L'intérêt de cette variété est en effet de pouvoir la faire pousser sur une terre tellement infestée par le petit papillon que toute culture avait été rendue impossible, à moins de pulvériser massivement un pesticide. À l'inverse, la planter là où les agriculteurs se passaient très bien des pesticides, ou bien là où il n'y a pas ou peu de pyrales ne permet pas de savoir si Mon810 est efficace.

L'autre question lancinante sur le Mon810 est celle

du développement de résistance à la Cry1A (b) chez la pyrale. Pour l'instant, aucune n'a été enregistrée. En revanche, un papillon assez proche, parasite du coton, *Helicoverpa zea*, a, lui, montré une résistance à la molécule synthétisée par la variété génétiquement modifiée, pourtant présente en doses bien supérieures au niveau létal. Cette toxine, la CrylA (c), est, comme son nom l'indique, fabriquée elle aussi par le bacille de Thuringe. Une autre résistance à une autre molécule du bacille de Thuringe (Cry3Bb1) a été aussi identifiée chez la chrysomèle, un papillon qui attaque les racines du maïs. Ces cas avérés sont très rares, toutefois, ils ne sont pas à prendre à la légère : parce qu'elles synthétisent en permanence leur insecticide, les variétés culturales Bt accélèrent l'apparition d'individus résistants à leur action.

CHAPITRE 10
DU NK603

La variété transgénique étudiée par Séralini est un maïs répondant au nom poétique de NK603. Derrière ce code de plaque d'immatriculation se cache une résistance aux herbicides. Ou plutôt à un herbicide très employé par les cultivateurs, le RoundUp®, et qui leur est vendu par Monsanto. Laquelle firme leur propose aussi ce NK603 qui sort de ses laboratoires. Ce NK-là fait partie de la famille des OGM « RoundUp Ready » : des plantes auxquelles on a transféré les gènes leur permettant de ne pas mourir, comme n'importe quelle plante, sous l'effet du glyphosate, la molécule active du RoundUp®. Cet herbicide est l'un des plus employés sur la planète. Il a pour lui une utilisation facile, une efficacité prouvée sur une très large gamme de plantes (aussi bien sur les mauvaises herbes que sur les cultures), une biodégradabilité plus grande que les herbicides des générations précédentes qui pouvaient persister des décennies dans les sols (ce qui ne l'empêche pas, lui ou ce en quoi il se transforme dans le milieu naturel ou un organisme vivant, d'être mesurable dans les sols, les rivières, certains légumes tels que les carottes, des céréales comme l'orge jusqu'à un an après la pulvérisation). Quant à sa toxicité pour l'homme, elle est aussi bien moins forte que celle de ses prédécesseurs, car aucun cas de toxicité même aiguë (par ingestion) n'a été mentionné. Sur le long terme, on ne sait pas, car le produit étant plus biodégradable, il est plus difficile à pister : sa toxicité chronique est en fait mal connue.

Ce qui inquiète les spécialistes n'est pas tant le glyphosate que le RoundUp®, car, chez ce dernier, la molécule, composant majoritaire, est accompagnée d'une multitude d'autres qui l'aident à faire son travail. Comme dans un médicament où, en dehors du principe actif, il y a l'excipient. Eh bien, dans le RoundUp®, il existe notamment une molécule complexe, un « surfactant », qui facilite la pénétration du glyphosate dans la plante. Il s'appelle POEA (Tallowamine polyéthoxylé) et est tenu pour responsable principal de la toxicité très aiguë du RoundUp®, testée… par des suicidaires. Ces molécules ne sont pas codées par les gènes transfectés aux plantes RoundUp Ready.

Pourquoi le géant Monsanto a-t-il mis sur le

marché des variétés de plantes qui résistent à son herbicide vedette ? Cela peut sembler loufoque. Bien au contraire, car, en proposant à la fois la plante résistante et l'herbicide auquel elle résiste, dans un contrat couplé, la firme américaine favorise l'usage de son produit dont le brevet est tombé dans le domaine public en 2000. Manière de compenser la perte financière liée à la perte de sa propriété intellectuelle.

Un maïs tel que le NK603 ne peut que favoriser la pulvérisation d'herbicides. En effet, puisque la plante ne craint rien, l'exploitant agricole peut y aller de bon cœur pour éradiquer les « mauvaises herbes » (il faut dire désormais « adventices », c'est moins péjoratif). Ce n'est ni très écologique ni très encourageant pour la santé du cultivateur. Mais les rendements augmentent, car le maïs ou le soja RoundUp Ready ne sont pas détruits par le produit, tandis que les adventices, elles, le sont.

Après quelques années, ce bénéfice diminue, car les plantes détruites par le glyphosate sont devenues résistantes. D'autant plus vite que les quantités d'herbicides ont explosé à mesure que les variétés transgéniques RoundUp Ready se généralisaient. Aux États-Unis, rien que sur les champs de maïs, les quantités d'herbicides pulvérisées sont passées de 1,8 million de tonnes en 2000 à 30 millions de tonnes en 2011. Et la SAU aujourd'hui infestée par des adventices résistantes est de 8 millions d'hectares. Les quantités trop importantes de glyphosate ont obligé, en quelque sorte, les adventices à muter pour ne pas disparaître. C'est un phénomène naturel, darwinien. Normal. Il a juste été considérablement accéléré par l'arrivée massive, aux États-Unis, de ces variétés transgéniques. Vingt-trois espèces sauvages ont été reconnues comme résistantes à des doses de glyphosate quatre fois supérieures à la normale. Si l'on abaisse le seuil pour prendre en compte l'ensemble des plantes capables de supporter l'herbicide, le nombre s'approcherait des quatre cents ! La plante qui pose le plus de problèmes est l'amarante de Palmer qui, aux États-Unis, infeste et colonise en quelques mois les champs de maïs, de soja et de coton transgéniques.

Pour pallier cet inquiétant problème, les industriels promettent des mélanges d'herbicides, des herbicides reformulés. Et donc de nouvelles variétés transgéniques, avec non pas un, mais plusieurs gènes de résistance aux mélanges d'herbicides. Une sorte de fuite en avant qui rappelle celle des antibiotiques, laquelle s'est soldée par une augmentation très importante du nombre de souches bactériennes résistantes.

À noter que d'autres variétés transgéniques sont résistantes à une autre molécule herbicide, le glucosinate, pour laquelle les inquiétudes sont moins grandes.

CHAPITRE 11
DES ANCÊTRES NÉOLITHIQUES ?

Toutes nos races (animales) et nos variétés (végétales) domestiques sont évidemment des organismes génétiquement modifiés. Des OGM issus d'espèces sauvages que l'homme a transformées par un très lent processus, la sélection. Si un OGM d'aujourd'hui et une variété culturale d'hier partagent donc la possession de gènes étrangers, ils diffèrent complètement par la façon dont ces gènes ont été introduits.

Remontons le temps. Au tout début de la révolution agricole. Dans un territoire circonscrit à l'Anatolie turque, au Kurdistan et à la Syrie actuelle, des hommes récoltaient deux céréales sauvages, l'engrain et l'amidonnier. Leurs graines, broyées, leur offraient la farine, c'est-à-dire le pain. Celles-ci étaient faciles à récolter, car les petits épis tombaient à terre à maturité. Il y a peut-être dix mille ans, les récolteurs se firent enfin cultivateurs : ils comprirent qu'en ôtant des épillets les barbes qui leur permettaient de s'accrocher au moindre poil ou au plus petit courant d'air pour aller pousser ailleurs, ils pouvaient dégager les graines pour les planter dans le sol. Si tout allait bien, ils n'avaient plus qu'à attendre que de nouveaux épillets apparaissent avant de recommencer. Pour que cela fonctionne, il leur a fallu interdire l'accès de leur bétail et des animaux sauvages à ces nouveaux champs, et arracher… les mauvaises herbes. La sélection avait commencé avec la récolte de ces deux céréales, elle s'accélérait avec l'isolement de populations de ces deux espèces sur des parcelles dégagées dans des milieux naturels.

Une étape supplémentaire fut franchie lorsque les agriculteurs du néolithique replantèrent en priorité les graines issues des très rares épillets qui ne tombaient pas facilement sur le sol, afin, sans doute, d'éviter de se casser le dos à les ramasser par terre. Moyennant quoi, l'engrain et l'amidonnier ne pouvaient plus disséminer naturellement : en sélectionnant les individus qui n'abandonnaient pas facilement leurs épillets, l'homme rendit les deux espèces dépendantes de son geste pour leur reproduction. La révolution du néolithique est bien là.

La marche suivante fut la sélection des plants qui

fournissaient des épillets dont les graines se détachaient avec moins d'effort lors du battage. La dernière étape est venue « naturellement » : l'engrain cultivé s'est croisé avec une céréale restée sauvage, l'égilope, qui lui a conféré sa grande résistance aux parasites. C'est ainsi que le blé tendre est apparu. L'hybridation d'une autre égilope avec l'amidonnier a offert à l'humanité le blé dur.

Cet aboutissement est le résultat de milliers d'années d'essais, d'erreurs, de réussites. Et de chances, grâce à la polyploïdisation (voir I, chapitre 1). Rien à voir, donc, avec les quelques années nécessaires à l'obtention d'un OGM en laboratoire.

Rien à voir non plus avec les OGM d'aujourd'hui, car ceux d'hier ont rapproché génétiquement des espèces très proches. De même genre (comme *Triticum*, celui des blés) ou de même famille (égilope, amidonnier et engrain). Les cultivateurs ont toujours marié des plants qui se ressemblaient, dont ils percevaient les avantages qu'ils pourraient cumuler, le but étant, toujours, de maximiser la production de grain et de minimiser le risque des aléas naturels (que ce soit sécheresse ou parasite). Ils ont ainsi offert à l'humanité, de façon empirique, l'essentiel des plantes et des animaux que nous mangeons.

CHAPITRE 12
SÉLECTION, CRÉATION, MUTATION

La sélection artificielle a complètement changé à partir du milieu du XIXe siècle. Les sélectionneurs, un nouveau métier, ont inversé la façon de trier les espèces, les races et les variétés : jusque-là, les agriculteurs regardaient, estimaient, envisageaient, essayaient, tandis que les sélectionneurs se proposaient de repérer d'abord les caractères qui les intéressaient, puis de les fixer (en multipliant les individus concernés) ou de les marier avec d'autres. Une sélection *a priori* quand le monde agricole pratiquait la sélection *a posteriori*, au petit bonheur. La redécouverte, au début du XXe siècle, des travaux révolutionnaires du moine

Gregor Mendel (voir I, chapitre 3) sur l'hérédité des caractères a facilité leur travail : un caractère égale un gène, relation devenue un dogme intellectuellement rassurant, aujourd'hui battu en brèche. Dès lors, les sélectionneurs purent constituer des banques non de gènes, mais de caractères, de « lignées pures », dans lesquelles ils purent piocher pour tenter de nouvelles hybridations. Un saut qualitatif considérable qui permit de passer d'une dizaine d'années à une poignée pour tester un croisement. Mais aussi de réduire le nombre de variétés et de races, parce que l'on n'avait plus à maintenir en vie une banque de caractères trop importante et mal connue.

C'est depuis un bon siècle que les sélectionneurs se sont donc substitués aux agriculteurs pour « créer » des variétés et des races. En mariant des lignées pures, qu'on appelle F1, pour obtenir des hybrides F2. L'apparition du génie génétique dans les années 1960 a permis d'affiner encore le processus et de réduire le délai d'obtention d'un nouveau mariage. Les sélectionneurs d'aujourd'hui trient, on dit « criblent », des caractères potentiels directement sur les chromosomes, identifiés par des marqueurs moléculaires connus. C'est la technique de la sélection assistée par marqueurs (SAM), très à la mode, qui est appelée à un brillant avenir : elle peut exploiter les banques de graines disséminées sur toute la planète pour y dénicher les variétés ou les caractères exceptionnels dont les biotechnologies auront à l'occasion besoin demain.

Le transfert d'un gène d'une espèce à l'autre n'est donc qu'une étape de plus, avant la prochaine. Une étape parmi d'autres : en biotechnologie, les chercheurs savent aussi modifier le génome d'un organisme sans y introduire un gène étranger. Ils modifient le (ou les) gène(s) qui les intéresse(nt), en le(s) forçant à muter, par exemple. Peu connue, cette « mutagenèse », comme la SAM, est en plein développement.

II
LES OGM, C'EST OÙ ?

CHAPITRE 1

DANS LE MONDE

Tout d'abord, que produit-on qui soit génétiquement modifié ?

Soja, coton, colza (parfois nommé canola) et maïs, pour l'essentiel. Des cultures intensives, sur de très grandes surfaces. Ces plantes ont été modifiées de façon à résister d'elles-mêmes à leurs pesticides (15 %), à résister à des herbicides (59 %), ou bien à faire les deux (26 %) ! La part qu'elles représentent est devenue très importante : 82 % des cultures de coton sont OGM, 75 % des cultures de soja, 32 % de celles du maïs et 26 % du colza. La croissance du marché tient d'ailleurs avant tout à celle du soja et du maïs dans les pays émergents : cette évolution est liée à l'augmentation de la consommation de viande, car soja et maïs sont les ingrédients majoritaires de l'ensilage (l'alimentation conservée en silos) des bovins. Y compris en France où deux tiers des importations de soja sont constitués d'OGM : nous dépendons à 40 % de l'extérieur pour les besoins en protéines du bétail, or les protéines, c'est d'abord du soja, et le marché mondial du soja, c'est avant tout de l'OGM. Minoritaire, le soja non OGM est devenu plus cher d'environ 10 %. Concrètement, trois vaches sur quatre sont en France nourries quasi exclusivement aux OGM.

Le paysage des plantes génétiquement modifiées est déjà en train de changer. Aujourd'hui, les trois quarts des maïs et des cotons génétiquement modifiés mis en culture dans le monde ne sont plus des organismes comportant un gène transfecté, ce sont des hybrides comportant deux, voire trois caractères modifiés. C'est la grande tendance chez les semenciers : transférer (« empiler », disent-ils) plusieurs gènes afin de combiner des caractères en une seule fois. Le maximum est atteint par un maïs, cultivé aux États-Unis et au Canada, qui comporte huit gènes étrangers.

En 2011, quelque 160 millions d'hectares de terres agricoles étaient cultivés en OGM. C'est cent fois plus qu'en 1996, la première année où les plantes génétiquement modifiées sont apparues dans les champs. Le taux de croissance, qui était de plus de 10 % ces dernières années, semble se tasser un peu (+ 8 % entre 2010 et 2011) : l'objectif des professionnels d'arriver à 200 millions d'hectares mis en culture en 2015 ne sera peut-être pas atteint. La croissance est plus forte dans les pays émergents (+ 11 % en 2011) que dans les pays industrialisés (+ 5 %).

Si ces cultures ne représentent que 3,2 % des terres arables de la planète, elles occupent 10,7 % de la SAU mondiale et représentent déjà plus d'un tiers des semences vendues et près de 10 % des productions culturales. Quelque 17 millions d'agriculteurs utilisent des semences génétiquement modifiées. Les terres concernées se trouvent pour l'essentiel aux États-Unis, en Argentine, au Brésil, au Canada, en Inde, en Chine et, de plus en plus, en Afrique du Sud. Un peu moins de la moitié des surfaces se trouve aux États-Unis, et près de 80 % sur le continent américain. En tout, vingt-neuf pays ont autorisé la culture OGM sur leur sol, dix-neuf pays pauvres et émergents, dix pays riches. Si les États-Unis restent le plus gros producteur mondial, ils pourraient être dépassés dans les années qui viennent par le Brésil, qui est d'ores et déjà le pays où la croissance de la surface est la plus forte (+ 20 % en 2011) et celui qui investit le plus, en part de PIB, sur la recherche (publique). En Europe, seuls 115 000 hectares sont concernés (+ 25 % entre 2010 et 2011, grâce à une croissance très importante au Portugal et en Espagne), sur huit pays, dont près de 80 % en Espagne. La quasi-totalité des plantes génétiquement modifiées mises en culture sur la planète est issue de semences Monsanto. Le reste est breveté par des géants tels que Bayer, BASF ou Syngenta.

CHAPITRE 2
EN EUROPE

En Europe, 0,1 % à peine de la SAU est concernée par les cultures de plantes génétiquement modifiées : Espagne, Portugal, République tchèque, Allemagne, Slovaquie, Roumanie, Pologne et Suède. Depuis la suspension décidée en mars 2012 de la culture du Mon810, la France est officiellement à zéro. Avec une vingtaine de milliers d'hectares mis en culture mais non commercialisables, situés dans le Sud-Ouest, surtout en Midi-Pyrénées, et dont les agriculteurs ne peuvent rien faire ! Une situation ubuesque, d'autant plus hypocrite que l'Europe continue d'importer des produits transgéniques, quarante-six OGM en tout, du soja (trois variétés) et du maïs principalement, mais aussi de la betterave, de la pomme de terre et du coton, sans que la France s'y soit opposée. À la culture, deux OGM sont autorisés en Europe : le Mon810 et la pomme de terre Amflora de BASF.

CHAPITRE 3
DANS NOTRE ASSIETTE

La réponse est simple : oui, il y a des OGM dans notre assiette. Nos vaches sont pour partie nourries en stabulation, avec des tourteaux de soja importés du Brésil ou des États-Unis, deux pays qui ont depuis longtemps autorisé la culture de soja transgénique. Par un accord de libre-échange, l'Europe est en fait obligée d'importer, sans lui imposer de taxes, le soja américain. Le maïs importé est lui aussi en majorité transgénique, et sert tout autant que le soja à l'engraissement de nos bovins. Pas seulement : les industriels de l'agroalimentaire s'en servent aussi beaucoup pour confectionner les céréales du matin, les plats cuisinés, les sauces toutes prêtes, les biscuits et, forcément, la sauce soja. Pour ces produits directement fabriqués à partir d'OGM, l'étiquetage doit y faire référence dès lors que, dans leur composition, plus de 0,9 % de produits issus d'OGM sont présents. Pour les autres, en revanche, ceux issus de bovins nourris aux OGM, point de précision. Sauf en France où les étiquettes « nourri sans OGM » et « issu d'animaux nourris sans OGM » sont désormais (juillet 2012) apposées sur tout produit alimentaire dont les ingrédients issus d'organismes transgéniques entrent pour moins de 0,1 % de la composition. Ces étiquettes sont-elles une garantie ? Pas sûr, car les seuils de 0,1 et de 0,9 % sont difficiles à mesurer. En outre, les dérivés du soja et du maïs sont si nombreux qu'il est impossible de garantir qu'aucun gène modifié ne se trouve dans une barre de céréales chocolatée, un biscuit apéritif, un potage déshydraté, une préparation pour bébé, un yaourt aromatisé, une bière, une pâtisserie industrielle… la viande. Les trois quarts de nos vaches, y compris celles bénéficiant de labels de qualité, d'inscriptions géographiques, sont nourries aux OGM. Cela dit, des travaux conduits dans des ensilages de l'Ontario ont montré que l'entreposage en silo rendait quasi indétectables les gènes modifiés et les protéines codées (en l'occurrence celles des toxines du bacille de Thuringe, voir I, chapitres 3 et 9 ; III, chapitres 3 et 4).

CHAPITRE 4
AU SUPERMARCHÉ

Il s'agit de regarder les étiquettes qui, de plus en plus, mentionnent « sans OGM ». Mais il est difficile de faire confiance, compte tenu de la métrologie hasardeuse (repérer 0,1 % de gènes est complexe) et de la traçabilité quasi impossible à établir pour des produits dérivés des OGM (en particulier ceux entrant dans le régime alimentaire des bovins). De façon générale, tout produit à base de maïs et de soja est susceptible de comporter des OGM. Sauf ceux issus de l'agriculture biologique : aucun ingrédient OGM ne peut entrer dans leur composition, et la probabilité d'une contamination par des produits dérivés est très faible. En ce qui concerne les produits à marque géographique ou de qualité (AOP, IGP, Label rouge), il n'y a, en revanche, aucune garantie.

Dans le détail, voilà ce qu'on peut dire en 2012 :

Composants majoritaires

– Soja : huile de soja, sauce soja, crèmes desserts à base de soja, tofu et tonyu.

– Maïs : huile de maïs, chips et pétales de maïs, farine et semoule de maïs.

– Colza : huile.

– Betterave : sucre.

Ingrédients

– Céréales du petit déjeuner, flocons de maïs dans les barres chocolatées, biscuits apéritifs (semoule de maïs), pain industriel (il comporte souvent de la farine de maïs).

– Bière (elle est à base de céréales), chapelure.

– Amidon de maïs et ses dérivés (sirop de glucose, le dextrose, les maltodextrines), fécule, présents dans les biscottes, les barres chocolatées, les plats cuisinés, les sauces toutes prêtes, les « fruits » des yaourts et desserts industriels, les glaces, la charcuterie, les crèmes et préparations diverses pour desserts déshydratés, la pâtisserie industrielle, les petits pots pour bébés, les potages déshydratés et en briques.

– La farine de soja que l'on trouve dans le pain, en particulier le pain de mie, ainsi que dans les pâtisseries industrielles.

– Les protéines de soja présentes dans les plats cuisinés, les plats pour bébés et jeunes enfants, la charcuterie industrielle.

– Toutes les matières grasses végétales (maïs, soja,

colza, coton) entrant dans la composition des barres de céréales, les biscuits apéritifs, les pâtisseries industrielles, les potages et soupes, le pain de mie, les pâtes à tartiner.

– La viande bovine.

Additifs alimentaires issus du maïs

Amidon oxydé (E 1404), phosphates d'amidon (E 1410, E 1412 à E 1414), amidons acétylés (E 1420, E 1422), amidons hydroxypropylés (E 1440, E 1442), succinate d'amidon (E 1450), amidon oxydé acétylé (E 1451), caramels (E 150a à E 150d), sorbitol (E 420), mannitol (E 421), isomalt (E 953), maltitol (E 965), lactitol (E 966), xylitol (E 967), gluconolactone (E 575), erythorbates (E 315 et E 316), plus les supports d'arômes (amidon, maltodextrines, bêta-cyclodestrine).

CHAPITRE 5

AUX RAYONS VIANDE ET POISSON

Avec les animaux transgéniques de laboratoire, pas de risque de contamination des espèces sauvages, dans la mesure où l'espérance de vie de ces animaux est faible et où il leur serait *a priori* très difficile de s'échapper de leurs laboratoires. Pas de risque non plus de contamination… humaine : rats et souris finissent rarement dans notre assiette.

Le cochon, en revanche, y tient toute sa place. Or il fait l'objet d'intenses recherches pour le rendre… plus propre. Ce mammifère a en effet comme principal défaut d'émettre beaucoup, beaucoup de lisier, lequel, riche en phosphates, favorise la démographie des algues des rivières et des bords de mer. Le porc n'y est d'une certaine façon pour rien, car, au contraire des ruminants comme la vache, il métabolise mal l'acide phytique, forme végétale du phosphore. Dans son intestin, point de micro-organismes capables de synthétiser la phytase, une enzyme qui dégrade cet acide. Sans elle, l'acide phytique des plantes devient phosphate. Voilà pourquoi la phytase est souvent ajoutée à la ration alimentaire des porcs. L'idée a quand même germé de transfecter le gène codant pour cette enzyme directement dans le génome du porc. Cela a été fait, et cela a été couronné de succès : l'enzyme a bien été produite dans les glandes salivaires, et la teneur du lisier des cochons de laboratoire en phosphates a chuté de 60 à 75 %. Des essais sont en cours pour équiper de la sorte d'autres animaux monogastriques tels que les volailles, incapables elles aussi de métaboliser le phosphore végétal.

Pour des raisons purement alimentaires cette fois-ci, des laboratoires essaient de produire des races de cochons avec un taux d'oméga-3 important dans le jambon, mais aussi des vaches dont le lait serait moins riche en lactose, un sucre indigeste pour de nombreuses personnes. Des races de saumons, truites et tilapias transgéniques ont également été créées, et élevées – en aquariums : grâce à l'introduction de gènes codant pour des facteurs de croissance particuliers, ces poissons poussent bien plus vite en mangeant beaucoup moins. D'où des coûts de production plus faibles et un impact sur l'environnement en baisse (les poissons d'élevage carnivores consomment environ un tiers des poissons pêchés en mer, réduits en farines).

Aucun de ces animaux n'est pour l'instant sorti de l'enceinte où il a été élevé, à cause du risque de transfert de leur génome modifié à leurs équivalents sauvages.

Les chercheurs qui travaillent pour l'agroalimentaire ont d'autres projets. Par exemple, sélectionner, voire modifier des races de vaches de façon qu'elles produisent une viande toujours tendre. La notion de race disparaîtrait derrière la qualité recherchée. L'INRA a, par exemple, identifié chez des taurillons charolais un gène (le DNAJA1) qui code pour une protéine connue pour jouer un rôle important dans la tendreté du muscle, la Hsp40. Le but n'est pas (encore ?) de modifier d'autres races afin de les rendre plus « tendres » elles aussi, et donc plus facilement commercialisables chez le boucher, mais de proposer aux sélectionneurs un test génétique leur permettant de repérer les bons reproducteurs bien tendres. D'autres tests suivront, car il existe une centaine de gènes impliqués dans le goût de la viande (tendreté, goût, jutosité, taux d'acides gras, etc.), dont cinquante-huit sont particulièrement ciblés par la recherche.

III
LES OGM, EST-CE QUE C'EST DANGEREUX ?

CHAPITRE 1
INCERTITUDE

Les biotechnologies véhiculent une image de toute-puissance parce qu'elles travaillent directement sur l'intimité de la vie, le gène. Elles semblent sûres d'elles. En manipulant un gène, on transfère un caractère d'une plante à une autre, alors qu'auparavant le hasard des sélections faisait que c'était des dizaines, des centaines, des milliers de gènes qui passaient de l'une à l'autre sans que l'on sache jamais lesquels, ni pourquoi l'hybridation avait fonctionné. Du néolithique au génie génétique, l'humanité a donc vécu dans le règne du hasard. Avec celui de la transgenèse est arrivée l'ère de la maîtrise.

Rien n'est plus faux.

Les généticiens savent quel gène ils vont multiplier, comment ils vont le transférer et pourquoi.

La technique est connue et rodée. Couper un gène entre deux marqueurs, l'intégrer dans un plasmide (voir I, chapitres 2, 3 et 7 ; III, chapitres 2 et 3), le faire se multiplier par une bactérie, le transporter via une autre, ou un virus, ou une bille de tungstène, les étapes sont formalisées. Contraindre l'organisme hôte à n'exprimer le gène que dans un tissu ou dans un organe précis, on sait faire aussi. Pour autant, aucun chercheur n'est capable d'affirmer que le gène qu'il a transféré d'une espèce à une autre exprimera bien la protéine telle qu'il le souhaite, ni même s'il s'est bien intégré dans le génome de l'hôte.

En outre, un gène n'est pas un interrupteur qui code toujours de la même façon pour la même protéine. La règle d'or de la génétique – un caractère égale un gène –, très réductionniste, est pratique, car elle permet de voir le génome comme un Meccano ou comme un clavier de piano et de prétendre que l'on peut prévoir, sans se tromper, les conséquences de la manipulation du génome. Le gène n'est pas une entité isolée, indépendante, dans son ADN : il agit aussi sur les autres gènes, les autres gènes agissent également sur lui, le contenu de la cellule a une influence sur son fonctionnement. D'ailleurs, comment croire que chaque caractère est codé par un seul gène alors que l'essentiel de l'ADN ne code pour rien ? En effet, la très grande majorité des gènes sont muets. Pourquoi ? On ne le sait pas. Et si, perturbés par l'arrivée d'un gène étranger, ces gènes-là se mettaient à parler ? Et si, en plus du gène transfecté, il y avait aussi un bout de gène muet qui, dans l'autre cellule, se mettait lui aussi à parler ?

Il existe en vérité une sorte d'écologie, de sociologie du gène que l'on commence à découvrir. Ainsi, on peut supposer que le génome hôte réagira à l'arrivée du gène étranger. Comment ? Certains de ses gènes vont-ils s'activer, s'éteindre, s'exprimer plus, moins ? Est-ce qu'en conséquence la plante génétiquement modifiée va produire à la fois la protéine qu'on lui demande de produire, ainsi que d'autres que l'on n'avait pas prévues ? D'un point de vue technique, de quelle façon cette écologie du génome va-t-elle lire le gène transfecté ? Celui-ci va-t-il pouvoir être « lu » correctement, ou bien son expression sera-t-elle empêchée ou perturbée ? Quand bien même tout se serait bien passé jusque-là, il n'est pas certain que la protéine synthétisée par le gène transfecté soit conforme à ce qu'elle est dans l'organisme d'origine. Pour être active, une protéine doit subir, dans sa cellule, des transformations « postréductionnelles » qui modifient sa forme. Or la conformation tridimensionnelle d'une protéine a parfois autant d'importance que la molécule elle-même dans son activité.

Bref, par rapport à la sélection empirique du bon vieux temps, il n'y a que le degré de précision qui a considérablement évolué. Pour le reste, l'incertitude n'a été que déplacée. Il faut noter cependant que les comparaisons de protéines conduites entre les variétés transgéniques et normales n'ont pas montré de grandes différences dans les protéines fabriquées, voire, parfois, des différences inférieures à celles existant entre deux variétés non modifiées. Ces études, décriées par les anti-OGM parce qu'elles ne considèrent que la partie « visible » de l'OGM (et pas la réalité génétique), reposent sur le principe de l'équivalence en substances : s'il existe peu d'écarts, dans les protéines dosées, entre un maïs transgénique et son équivalent non modifié, c'est donc que ces deux plantes peuvent être considérées comme équivalentes du point de vue nutritionnel et sanitaire. Ce qui en découle est l'autorisation de commercialisation de la variété génétiquement modifiée.

CHAPITRE 2

DISPERSION

A priori, un maïs transgénique ne peut pas contaminer grand-chose. Son pollen, très lourd, ne peut pas voyager bien loin, une centaine de mètres tout au plus. À tout le moins peut-il être transporté par les abeilles jusqu'à leur ruche et se retrouver dans le miel, un fait acquis. Dans nos contrées, le maïs transgénique ne risque pas non plus de polluer de ses gènes transfectés une espèce sauvage, car le maïs n'existe dans cet état qu'en Amérique centrale. Pas d'inquiétude, en conséquence. Au Mexique, en revanche, on a des sueurs froides. Si d'aventure une variété de maïs transgénique tel le Mon810 venait à transmettre ses gènes au maïs sauvage, le téosinte, il n'y aurait plus, de fait, de maïs sauvage, c'est-à-dire l'irremplaçable banque de gènes à partir de laquelle les sélectionneurs continuent de créer des variétés. Des variétés sauvages de maïs ont malheureusement déjà été contaminées par des variétés transgéniques, sans que l'on sache ce qui s'est vraiment passé. Quant à la contamination génétique des variétés non modifiées du maïs, elle risque tout simplement d'« OGMiser » tout le maïs cultivé de nos jours : à terme, il n'y aurait plus aucune possibilité de disposer de variétés sélectionnées classiques. Or, le gouvernement mexicain subit actuellement une pression considérable des géants de la semence pour autoriser le maïs génétiquement modifié…

Si les biotechnologies nous ont permis de nous affranchir de la barrière entre espèces, celle-ci existe toujours dans la nature. Ainsi, la contamination d'une espèce sauvage par une variété génétiquement modifiée ne peut avoir lieu que si la variété fait partie de la même espèce, voire d'une espèce génétiquement très proche. Aucune chance que le pollen d'un coton transgénique intègre son génome modifié dans celui du blé. Pour les plantes dont le pollen est léger, facile à transporter par le vent ou par un animal, la contamination est déjà une réalité. En 2007, un fabricant de gazon transgénique a été traîné en justice par l'État fédéral américain parce que son produit avait contaminé le gazon alentour, jusqu'à une distance de près de 4 kilomètres. Depuis, beaucoup d'observations font état d'une diffusion de transgènes bien au-delà de l'aire que l'on imaginait.

Nous n'avons encore aucun recul pour mesurer les conséquences d'une telle dispersion.

Il existe un autre vecteur des transgènes, auquel on pense peu : les bactéries. Dans le sol, celles-ci sont innombrables. Elles ont la capacité de s'échanger du matériel génétique par une sorte de sexualité alternative, la conjugaison. Soit un échange de matériel génétique par le biais des plasmides (voir I, chapitres 2, 3 et 7 ; III, chapitres 1 et 3), cet outil qui s'est rendu indispensable à la biotechnologie. Cette capacité, elles peuvent aussi l'exercer avec une plante. En théorie donc, une bactérie s'accolant à une cellule de racine pourrait « internaliser » le (ou les) transgène(s) de la plante. Puis le (ou les) transmettre à une autre plante, voire à nous, après l'avoir ingérée, par le processus inverse (le même que celui qui permet aux chercheurs d'intégrer le transgène à la plante hôte). Cependant, aucune contamination génétique par ce biais n'a encore été décrite.

Le risque de pollution génétique par les OGM est réel. Il est en fait quasi sûr. Pour s'en prémunir, il existe toutefois plusieurs parades. La plus simple est d'entourer les champs d'OGM par des champs de même espèce, mais non OGM. Le pollen modifié des uns est de la sorte capté par le pistil des autres, et la dissémination est contrôlée. Selon les plantes, la part occupée par les champs « normaux » est de l'ordre de 20 à 40 %. Autour de la parcelle de cinquante plants de vigne génétiquement modifiée testés par l'INRA à Colmar, et qui a été détruite par des anti-OGM le 15 août

2010, il y avait plus d'une barrière de protection : une zone conservatoire de plants « normaux » sur sol sain (le sol de la parcelle en étude était infesté par le nématode, un ver rond vecteur du virus de la maladie du court-noué, contre lequel la vigne transgénique était immunisée), une zone de confinement de 336 plants non transgéniques, autour de tout cela, une vaste zone non plantée pour décourager les nématodes de quitter la zone test, enfin une bordure de 1 150 plants non transgéniques. Une bâche évitait tout trajet des nématodes vers le sous-sol, les inflorescences étaient coupées (pas de possibilité de fabriquer du pollen, donc) et le cépage choisi n'était pas alsacien, de façon à ne pas contaminer les cépages locaux. Cerise sur le gâteau, ce n'était pas la vigne qui avait été génétiquement modifiée, mais son porte-greffe. Le cépage testé (un pinot Meunier) n'était, comme souvent dans la culture du vin, qu'un greffon porté par un porte-greffe, lequel exprimait des protéines de la capsule du virus uniquement dans ses racines. Il n'y avait donc aucun risque de dispersion. Cela n'a pas suffi pour empêcher la destruction de cet essai exemplaire.

Une autre solution, idéale sur le papier, mais non encore proposée par les semenciers, est d'empêcher l'élaboration du pollen par les plants OGM. Autrement dit, de les rendre stériles. Pour le maïs et toutes les céréales utilisées pour leurs grains, c'est impossible, car le grain est le résultat de la reproduction ! Une troisième voie, très complexe, est d'assujettir la production de la protéine par le transgène à des marqueurs spécifiques à un organe autre que le pollen. Ou bien encore de n'insérer le gène que dans les mitochondries (les centrales énergétiques des cellules) ou les chloroplastes (responsables de la photosynthèse), deux organites cellulaires qui ne s'héritent que par les femelles, et donc ne se retrouvent pas dans le pollen. Le mieux serait encore de ne faire exprimer le gène que dans les racines, de façon qu'aucune partie digestible de la plante, ou accessible par les insectes ou les mammifères, ne puisse être contaminante. Mais les racines et les bactéries font peut-être bon ménage…

Enfin, des chercheurs travaillent à rendre stériles les hybrides OGM/non OGM issus de la pollution génétique. Monsanto y était *a priori* parvenu avec son maïs appelé Terminator par ses détracteurs. Le monde agricole, épaulé pour une fois par les ONG, avait conçu un tel courroux que la firme décida de le retirer du marché : ce maïs transgénique pouvait produire des graines, mais celles-ci étaient incapables de germer. Sauf si on traitait les graines avec certains produits chimiques de la marque. Pour les protestataires, ce maïs annihilait l'âme du geste agricole qui est de replanter ce que l'on a semé. Le régime juridique très particulier des semences (le Certificat d'obtention végétale, le COV, ou les brevets) oblige pourtant de fait les cultivateurs à ne pas replanter, mais à racheter chaque année les semences…

CHAPITRE 3
RÉSISTANCE

Entourer des cultures OGM par des cultures non OGM a une utilité autre que la création d'une zone tampon où la pollution génétique est diluée. C'est aussi efficace pour freiner l'apparition de résistances chez les parasites ciblés par un transgène. Si, par exemple, la pyrale n'avait plus comme maïs à ravager que le Mon810, elle serait forcée de muter rapidement pour ne pas disparaître. En lui offrant aussi des champs non OGM, l'agriculteur rend cette obligation moins flagrante, permet à la pyrale de continuer de se reproduire et limite ainsi le risque d'être confronté un jour ou l'autre à une pyrale devenue résistante, par mutation, à son Mon810.

La parabole de l'épée et du bouclier, de l'arme et de l'armure, concerne aussi les OGM. À confronter sans cesse une population de parasites à ce qui les tue, il finit immanquablement par apparaître dans celle-ci des individus plus résistants que la moyenne qui, se reproduisant avec plus de succès, arrivent à constituer la majorité. Contre laquelle l'antiparasite n'est plus efficace. Il faut alors tout recommencer. Ce risque est nourri, dans notre imaginaire, par la peur que nous inspire la résistance croissante des bactéries à nos antibiotiques, trop et mal utilisés.

Soumise à un antibiotique, une population de bactéries est rapidement éliminée. Il ne reste que quelques individus qui peinent à se reproduire, mal, ou bien n'en ont pas le temps. Une nouvelle dose rapprochée d'antibiotique les éliminera avant qu'ils aient pu éventuellement reconstituer la colonie. Toutefois, le taux de reproduction des bactéries leur procure un avantage considérable : il est si élevé que des mutations apparaissent vite, permettant à la sélection naturelle – artificielle dans le cas présent – de faire un tri rapide pour présenter des individus résistants. Une résistance apparaît en réalité plus vite qu'on ne l'imagine, car la capacité qu'ont les bactéries à se partager du matériel génétique (la conjugaison) permet à des individus résistants de transmettre leur bonne fortune à d'autres. Le plasmide, toujours (voir I, chapitres 2, 3 et 7 ; III, chapitres 1 et 2). Lequel est tout à fait capable de récupérer des gènes de résistance situés sur le chromosome de la bactérie : les gènes de résistance aux antibiotiques sont en effet souvent des « transposons », c'est-à-dire des sortes de gènes sauteurs, qui passent de l'un à l'autre. L'usage irraisonné des antibiotiques en médecine, mais aussi en médecine vétérinaire (les bactéries des vaches sont devenues résistantes, nous en avons ingéré, de même que de l'antibiotique à l'état de trace sur la viande), est responsable de la résistance croissante des bactéries dans notre organisme. Une histoire ancienne : le premier cas fut enregistré en 1946, avec le staphylocoque doré, devenu en moins de cinq ans résistant à la méticilline.

La pyrale ou la chrysomèle du maïs, et tout autre parasite d'une plante OGM, développera de la même façon une résistance aux toxines du bacille de Thuringe (voir I, chapitres 3 et 9 ; II, chapitre 3 et III, chapitres 3 et 4). Avant l'apparition des variétés génétiquement modifiées du maïs, les cultivateurs pulvérisaient sur leurs champs des spores (équivalents du pollen végétal) de ce bacille, au moment opportun. La pyrale recevait ainsi la juste dose, létale, lorsqu'il le fallait. Elle avait peu de risques de pouvoir muter et, ainsi, développer une résistance. Le problème des maïs Bt est justement qu'ils synthétisent en permanence la toxine, à des doses très élevées. La pyrale a donc statistiquement plus de chances de muter… Une aubaine pour les semenciers qui pourront proposer, comme les géants de la pharmacie, de nouvelles molécules répondant aux nouvelles résistances. Mieux vaut prévenir, c'est bien connu. En entourant les champs OGM de parcelles non OGM, on limite considérablement la fréquence d'apparition d'une mutation favorable. On limite encore plus en pratiquant l'alternance des cultures : cette méthode vieille comme l'agriculture divise par deux ou par trois le temps auquel une culture est confrontée à son parasite (parce que le maïs, par exemple, est cultivé en alternance avec une plante fourragère ou une légumineuse), lequel se retrouve perturbé dans son cycle biologique. Une méthode qui a fait ses preuves, car elle limite considérablement l'impact des parasites sur des plantes… non OGM.

Enfin, en ce qui concerne les variétés résistantes aux herbicides, il a été largement montré qu'en raison du fait qu'elles incitent à pulvériser, de nombreuses résistances sont apparues chez les plantes ciblées (voir I, chapitre 10).

CHAPITRE 4

TOXICITÉ

Bancale, l'étude de Séralini n'a en rien démontré la toxicité d'un maïs transgénique vis-à-vis de l'être humain. Tout reste à faire : il n'y a rien de nouveau sur le sujet. En théorie, un transgène ne peut pas nous faire de mal. En mangeant, notre système digestif, très acide, tapissé d'efficaces micro-organismes, détruit la quasi-totalité des cellules qui l'empruntent. Les gènes – l'ADN – sont cassés, réduits à leur brique élémentaire, les acides nucléiques, qui sont ensuite eux-mêmes réduits en leurs composants. Les bactéries sans lesquelles nous ne pourrions digérer nous invitent néanmoins à être circonspects. Car si le risque porté par la capacité de conjugaison était avéré, on pourrait imaginer que nos *Escherichia coli*, si abondantes dans notre intestin, pourraient internaliser les transgènes que nous ingérons et ainsi devenir elles-mêmes mutantes. Dans notre intestin résideraient alors des êtres qui produiraient des insecticides ou toute autre chose. Pas forcément inquiétant, assez peu réjouissant tout de même.

En ce qui concerne le risque d'être intoxiqué par les protéines codées par les transgènes, il est bien réel et documenté. Avec ce bémol que ces molécules, issues du bacille de Thuringe (voir I, chapitres 3 et 9 ; II, chapitre 3 et III, chapitre 3), n'ont pas démontré de toxicité à long terme en laboratoire. Enfin, des observations, non étayées par une méthode scientifique, montrent une diminution de la concentration des maïs Bt en mycotoxines, ces redoutables agents pathogènes (toxines produites par des champignons et moisissures qui contaminent notamment les céréales, voir I, chapitre 1).

Le risque principal des plantes transgéniques est en fait lié aux allergies. Transféré dans une autre plante, le gène d'une plante pour lequel une personne est allergique peut transporter l'allergénicité à cette autre plante pour laquelle la personne n'était pas sensible. Cela a été observé en 1996, sur du soja transgénique qui a provoqué des réactions chez des personnes sensibles à la noix du Brésil, dont des gènes avaient été transfectés dans le soja. L'allergie peut aussi apparaître si la protéine codée ressemble un peu trop (c'est-à-dire à plus de 50 %, ou bien si huit acides aminés se suivent selon le même ordre) à une protéine allergisante. Par ailleurs, l'insertion d'un gène étranger bouleverse l'écosystème génétique de l'organisme hôte. Cela pourrait-il le conduire à fabriquer des acides aminés allergènes ? De même, le pollen des plantes transgéniques pourrait-il devenir plus allergisant en raison de son génome modifié, d'une modification de son volume, de la période de son émission ?

Compte tenu de ce risque, les produits génétiquement modifiés sont très suivis. À l'heure actuelle, pour ce que l'on connaît du risque allergique porté par les OGM, on peut dire que ceux-ci sont certainement plus « sains », vis-à-vis de ce risque, que les produits non transformés : les variétés issues des méthodes classiques ne sont en effet pas soumises à des tests d'allergénicité. La comparaison moléculaire entre la protéine produite par le gène transfecté et les protéines connues pour être allergènes est un test rédhibitoire. Le génie génétique laisse d'ailleurs entrevoir la possibilité de rendre moins allergènes les fruits et les légumes qui le sont, en les débarrassant des acides aminés, voire des protéines responsables des allergies.

CHAPITRE 5
L'EXPÉRIENCE DES AMÉRICAINS

Les Américains mangent des OGM depuis dix ans. Ils ne semblent pas en être malades. Certes, mais comment l'affirmer, dans la mesure où les produits OGM alimentaires n'étant pas étiquetés comme tels aux États-Unis, il est impossible de comparer une population « avec » et « sans » OGM ? En matière d'épidémiologie, il est impératif de pouvoir comparer. En outre, dans un pays caractérisé par la malbouffe, par le *snacking* et par la surconsommation alimentaire, comment identifier précisément le rôle des OGM dans la croissance de l'obésité, du diabète de type II, des cancers des voies digestives, des maladies cardio-vasculaires ? Comment, concrètement, séparer l'effet des OGM de celui des pesticides, des hormones animales, des innombrables additifs alimentaires et des process industriels qui modifient parfois largement la composition des aliments ? Notre régime alimentaire occidental est déplorable : nous consommons des produits trop sucrés, trop salés, trop gras, trop riches en acides gras trans (un type d'acides gras insaturés très néfastes, sans doute bientôt étiquetés), en huile de palme, en exhausteurs de goûts comme le glutamate, en additifs divers. Nous mangeons dans un environnement quotidien, à la maison, surtout, saturé de composés organiques volatils qui émanent de nos produits d'entretien, des moquettes, des meubles, des gaz d'échappement, etc. Comment donc séparer l'effet potentiel des OGM de tout cet environnement que la science reconnaît aujourd'hui comme pathogène et morbide – au sens où il altère notre espérance de vie ?

C'est impossible tant que l'on ne dispose pas d'une population type, dont on sait qu'elle n'a jamais mangé d'aliments issus des OGM. Pourtant, les États-Unis sont un pays en pointe sur l'épidémiologie, ce qui leur a permis par exemple de nourrir en abondance la bibliographie internationale sur les liens existant entre pesticides et santé humaine. On peut donc supposer que s'il y avait le moindre doute sur la responsabilité des OGM dans une éventuelle augmentation, sur les dix dernières années, de l'occurrence de telle ou telle maladie comme l'allergie, ou une croissance du risque de contracter un cancer, cela se serait vu. Cela dit, pour en être sûr, il existe un moyen détourné : les rats. En effet, tous les rats utilisés dans les laboratoires américains pour des études sur le vieillissement sont nourris, depuis dix ans, avec des OGM. Il serait intéressant de savoir si leur taux de mortalité et leurs pathologies sont différents de ceux des rats utilisés en Europe, lesquels sont nourris sans OGM. Aucune étude n'est encore sortie sur cette question.

Aucune, non plus, sur les vaches. Ainsi que les rats, le bétail américain est gavé d'OGM depuis une dizaine d'années. Les vaches laitières vivent bien plus longtemps que les animaux à petites pattes, une quinzaine d'années dans le meilleur des cas. Elles sont donc de bonnes candidates pour étudier l'impact sur la santé de produits génétiquement modifiés, en particulier celles qui font des veaux (une façon de savoir si une éventuelle toxicité est transmise à la génération suivante). Aucune étude n'a été publiée à leur sujet. Cependant, comme pour les rats, on peut se dire que si maïs et soja transgéniques les avaient rendues malades, les éleveurs américains s'en seraient rendu compte. À moins qu'il ne faille beaucoup plus de temps pour déceler un effet toxique sur le long terme, ainsi que ce fut le cas pour les pesticides organochlorés…

CHAPITRE 6
PREUVES ET DÉMENTIS

Dans le même numéro de *Food and Chemical Toxicology*, Séralini et son équipe démontraient la toxicité pour les rats d'un OGM, tandis que, quelques pages plus loin, l'équipe de Zhou affirmait que le maïs GM qu'ils avaient étudié n'était ni plus ni moins toxique qu'un maïs conventionnel. Méthodologie comparable, conclusions opposées. Les journalistes et commentateurs qui ont pris fait et cause pour Séralini auraient dû lire la revue scientifique jusqu'au bout.

Pourquoi une telle différence ? Pour deux raisons faciles à comprendre : tout d'abord, les tests sur rats ne sont pas forcément significatifs du point de vue de la biologie, ensuite parce que leur validation par des tests statistiques ne l'est pas plus. On peut donc les interpréter… En matière de toxicologie, il n'y a jamais de preuve, mais des écarts à la moyenne qui semblent révélateurs. Avant d'affirmer quoi que ce soit, il faut vérifier en refaisant à la fois l'expérience et la procédure statistique employée : c'est lorsque plusieurs résultats obtenus avec des méthodes semblables, normalisées, vont dans le même sens, que l'on peut commencer à entrevoir une certitude. En ayant toujours en tête que, si les rats sont un excellent modèle biologique, le choix de la souche (transgénique ou non) utilisée est fondamental afin de ne pas « orienter » l'expérience : il existe des types de rats qui présentent vite des cancers, d'autres moins, des rats qui deviennent obèses au moindre enrichissement de leur régime alimentaire, d'autres qui mangent très peu, des rats connus pour leur fragilité rénale, etc. Bien choisir la souche, donc, en sachant que la transposition des résultats à l'homme se fait par des facteurs d'équivalence qui sont l'objet de conventions arbitraires établies empiriquement pour nous protéger, en théorie (on divise, par exemple, couramment par cent, voire mille, les doses toxiques de pesticides relevées chez le rat). En n'oubliant pas non plus que, de toute façon, les rats sont faillibles : avec les procédures lourdes et réglementées d'aujourd'hui, l'aspirine n'aurait aucune chance d'être commercialisée parce que l'expérience la plus sérieuse menée en laboratoire démontre facilement une haute toxicité sur l'animal.

Les tests de toxicologie sont toujours validés par des tests statistiques très complexes. Ceux-ci, pour le chercheur qui les a convenablement choisis (car il existe de très nombreux outils et procédures statistiques), sont des outils d'aide à l'évaluation, et, *in fine*, pour les législateurs, des outils d'aide à la décision. Rien de plus. Les procédures statistiques, qui servent à dire, à partir d'un certain seuil, si oui ou non les OGM sont toxiques, ne sont en aucun cas des outils d'évaluation ou de décision. Car ils ne sont que des modèles mathématiques ! Sur une population témoin très importante, un test statistique a de grandes chances d'être significatif, sans pour autant révéler forcément un effet biologique qui le serait aussi. À l'inverse, sur une population témoin de très faible effectif, les tests seront très peu, voire pas du tout significatifs, même si les effets biologiques mesurés sont réels. Reste à voir si les effets biologiques mesurés sont habituels, ou aléatoires, autrement dit s'ils sont apparus à cause de l'OGM ou pour d'autres raisons, et si, comme pour les tests HIV, les tests biologiques ne présentent pas des faux positifs.

Pour toutes ces raisons, les « preuves » sont très difficiles à établir. À l'heure actuelle, on ne peut donc affirmer – avec une faible probabilité de se tromper – que les OGM sont ou ne sont pas toxiques. On peut tout dire et son contraire en étant certain d'avoir raison. Toutefois, ce qui est certain, c'est que la probabilité de se tromper diminue si l'on a choisi le bon protocole statistique et que l'on s'y tient, et si le nombre d'individus étudiés est important. En clair, on a beaucoup moins de risques de faire une erreur sur une population de soixante rats que sur dix, sur deux ans que sur trois mois.

Pour autant, plus le nombre de rats est important, plus le temps de l'expérience est long, plus cela coûte cher et plus cela exige une infrastructure lourde. Sans avoir la certitude d'obtenir… une certitude si ce n'est celle, sur le sujet des OGM, dans un pays aussi manichéen que la France, que les résultats seront de toute façon interprétés dans un sens anti- ou pro-OGM. Pas très motivant pour les chercheurs qui ont l'impression que tout est écrit d'avance.

Voilà pourquoi ils réclament des crédits pour développer la toxicogénomique. C'est-à-dire l'exposition à des substances supposées toxiques de cellules humaines dont l'ADN a été préalablement « équipé » de marqueurs indiquant si tel ou tel gène humain est activé ou non par ces substances. Une façon de « voir » immédiatement l'effet potentiel d'un toxique chez l'homme, pour moins cher, plus rapide, et sans utiliser des animaux comme dans les méthodes classiques. Cependant, ce n'est pas parce qu'un danger serait ainsi identifié en laboratoire que le risque réel pour la population serait important. Entre le danger et la probabilité qu'il se réalise (le risque), il y a l'exposition (combien de fois mange-t-on cet OGM durant la semaine, en quelle quantité, avec quels autres produits susceptibles d'altérer de la même façon la santé) et la susceptibilité individuelle, génétique, de chacun. En outre, une culture cellulaire ne donne de résultats… que sur des cellules. Or, de même qu'un gène n'est pas tout seul dans le processus de fabrication d'une protéine, une cellule vit dans un écosystème constitué de tissus, d'organes, d'organites (les différents éléments de la cellule) aussi nombreux que divers. Si la toxicogénomique indiquait de façon claire, rapide et sûre, un danger, il appartiendra toujours aux rats de caractériser le risque.

CHAPITRE 7

LE PROBLÈME DE L'EXPÉRIMENTATION

Selon de nombreux toxicologues, tester des OGM sur des rats durant quatre-vingt-dix jours ne semble pas une durée assez longue. Pour les ONG et les anti-OGM, les OGM ne devraient pas être testés comme des produits alimentaires mais, en raison de leur grande toxicité potentielle, comme des médicaments, pourquoi pas comme des produits chimiques. C'est la réclamation qui est faite notamment à propos des variétés transgéniques Bt qui fabriquent dans leurs cellules des pesticides. Logique, le Mon810 synthétise un pesticide, il faut donc le considérer comme un pesticide. Pour autant, un pesticide sous forme liquide peut se déverser n'importe quand, n'importe où, sur n'importe quelle cible. Ce n'est pas le cas du maïs. Par ailleurs, les variétés Bt n'expriment qu'un produit naturel, une molécule déjà présente dans la nature, en l'espèce dans une bactérie. Une molécule aussi toxique que d'autres synthétisées par la plupart des plantes pour se défendre contre leurs propres parasites. C'est le cas de la coumarine chez le céleri ou de la solanine chez la pomme de terre, des aliments qui, s'ils sont absorbés mal préparés, en trop grande quantité, peuvent déclencher des réactions graves de l'organisme : lorsque la patate a été introduite en France, nombre de paysans ne savaient pas qu'il fallait la faire cuire, ils en ont été très malades, beaucoup en sont morts. Enfin, considérer les plantes génétiquement modifiées à l'instar des médicaments et des produits chimiques est en soi impossible, car il faudrait augmenter les doses de nourriture pour arriver à caractériser une toxicité aiguë et des effets secondaires comme on le fait pour un médicament ou pour un pesticide. Ce qui reviendrait à multiplier par dix, par cent, par mille, le volume de maïs ou de soja ingéré par les animaux testés… Des doses qui, en elles-mêmes, sont pathogènes ! Les tests sur les plantes transgéniques ne satisfont personne, c'est la seule certitude. Dans quel sens les modifier ? Personne n'est d'accord. Sauf sur l'allongement de la durée et sur leur multiplication.

Les faucheurs rejettent également les expérimentations en plein champ. Il est vrai qu'en plein champ le risque de contamination génétique est maximal. Peut-on se passer de telles expérimentations ? C'est impossible, car, pour comprendre la façon dont la plante transgénique va se comporter dans le milieu naturel, il faut bien la sortir un jour de la serre. Cela permet d'observer les interactions entre la plante et son environnement direct – les autres plantes, les insectes, les parasites, les champignons, la microfaune du sol, les oiseaux, les abeilles… L'objectif est de constater, ou non, l'efficacité de la plante contre son parasite ou sous l'effet de « son » herbicide, ainsi que son éventuelle action contre un autre parasite… Cultiver dehors, plutôt que dedans, est aussi l'occasion de mesurer en conditions réelles (et sous toutes les conditions météorologiques) l'aire de diffusion du pollen. Des analyses après croissance délivrent des chiffres sur la concentration réelle de toxines fabriquées par la plante et sur son évolution dans le temps (jour/nuit, en fonction des saisons, selon la température, l'humidité…). Se priver d'une culture en plein champ, c'est s'interdire de faire aboutir les essais de toxicité pour l'environnement. Autant ne pas les commencer. Encore faut-il que cette culture soit bien menée, entourée de moult précautions comme ce fut le cas pour la vigne génétiquement modifiée de l'INRA à Colmar (voir III, chapitre 2). La parcelle a pourtant été fauchée, elle aussi.

IV
QUEL AVENIR POUR L'AGRICULTURE ?

CHAPITRE 1
AGRICULTEURS ET SEMENCIERS : UN MARIAGE QUI DURE

Qu'ils aiment ou n'aiment pas les OGM, qu'ils en aient peur ou, au contraire, qu'ils en soient les supporteurs, les agriculteurs sont obligés de faire avec. En particulier les éleveurs. Pour une raison extrêmement simple : pour nourrir leurs cheptels, ils dépendent du maïs, du blé et du soja. Le maïs et le soja n'entrent que pour 5 à 15 % dans la ration alimentaire des bœufs, 25 % voire plus dans les élevages laitiers très intensifs. Le reste, c'est du traditionnel, fourrage et blé… sauf pour les cochons et les poules, qui ne mangent pratiquement que des céréales. Maïs et soja apportent les protéines qui manquent aux vaches, aux poulets et aux cochons pour faire de bons producteurs de viande, d'œufs et de lait. C'est d'ailleurs en grande partie grâce à l'enrichissement de leur régime alimentaire en protéines que les animaux d'élevage ont autant amélioré leur « rendement ». Ils sont dopés par un régime ultracalibré dans lequel le soja et le maïs, ingurgités sous forme de tourteaux solides, occupent une place essentielle. Or, pour un peu moins de la moitié des volumes consommés (1,5 million de tonnes environ, sur un total de 3,5 millions), ces produits viennent des États-Unis, du Brésil et de l'Argentine, où ils sont issus en quasi-totalité de plantations d'OGM. Une éventuelle interdiction européenne des OGM, demandée par beaucoup d'ONG et de scientifiques selon le principe de précaution, aurait pour les agriculteurs une conséquence immédiate : la hausse de leurs coûts de production. Car la filière maïs-soja sans OGM est de plus en plus minoritaire. Le soja « normal » est environ 10 % plus cher que sa version transgénique. Mais si, demain, tous les éleveurs européens se retrouvaient à devoir acheter sur le marché « normal », celui-ci flamberait. Et les prix grimperaient du simple au double, et pourquoi pas au sextuple, selon différentes études. Le prix de la viande, surtout celui du porc et du poulet, s'enchérirait d'autant plus que l'offre chuterait, car des éleveurs ne pourraient sans doute plus tous produire, à cause du surcoût des tourteaux.

Les agriculteurs sont pieds et poings liés avec un marché des aliments mondialisé, spéculatif (les investisseurs se sont repliés ces dernières années sur le marché des céréales, plus « rentable » et plus sûr selon eux : aujourd'hui, 85 % des acteurs intervenant sur le marché à terme des céréales à la Bourse de Chicago sont des financiers – au début de ce siècle, la même proportion était occupée par les producteurs et les industriels...), de plus en plus transgénique. Pour les producteurs de maïs et de soja OGM, la dépendance directe envers les semenciers s'est accrue.

Les semences transgéniques coûtent cher, et il faut les racheter chaque année, car chaque client d'une firme telle que Monsanto signe avec elle une convention stipulant qu'il s'engage « à ne semer que la variété qu'il achète, et qu'il ne conservera ni ne ressèmera aucune des graines issues des récoltes de l'année précédente ». Une façon de rétribuer l'industriel pour l'utilisation de son brevet, c'est-à-dire de lui rembourser ses frais de recherche et développement. Plus une coquette marge, sans doute, car il n'y a pas vraiment de concurrence dans le domaine des semences transgéniques. L'agriculteur n'est cependant pas beaucoup plus lié qu'avec un semencier traditionnel, qui lui fournit des graines pour lesquelles il doit verser, déjà, et pour vingt et une variétés en France, une taxe sur la propriété intellectuelle qui finance en partie la recherche (système du COV). Pour le blé tendre, par exemple, il en coûte autour de 4 euros l'hectare. Cependant, l'agriculteur client de Monsanto, Bayer, BASF ou Syngenta devient très captif dès lors que, dans le cas du maïs, du soja et du coton résistants aux herbicides ou aux parasites, des résistances apparaissent chez les adventices et les ravageurs de culture. Il faut dès lors acheter des pesticides, dans un cas, et augmenter les pulvérisations d'herbicides, dans l'autre. Ce qui accroît les soucis de santé chez les agriculteurs qui, en majorité parmi ceux utilisant le maïs ou le soja Bt, ont vu leur exposition aux pesticides chuter largement. Les cultivateurs qui, en revanche, cultivent des variétés résistantes aux herbicides n'ont pu à l'inverse qu'augmenter leur exposition à ces produits toxiques, car ils n'ont plus à se soucier de mesurer la dose, vu que les OGM en question n'y sont plus sensibles (voir I, chapitre 10). Des doses et des coûts augmentant à mesure que les résistances apparaissent et que des variétés « plus résistantes aux parasites résistants » et des « herbicides encore plus efficaces », plus chers, sont proposés par les industriels. Et la boucle est bouclée : l'agriculteur ne peut plus se sortir d'un circuit qui l'oblige plus qu'avant à acheter sans cesse.

Mais qu'est-ce que cela change pour un agriculteur industriel occidental ? Pour un grand céréalier français ou américain ? Pour un bénéficiaire de subventions de la politique agricole commune (PAC) déjà largement endetté ? Pas grand-chose. Le surcoût des semences transgéniques, des herbicides ou des pesticides éventuels à racheter, est absorbé par la hausse des rendements au cours des premières années d'exploitation : sur des surfaces qui comptent plusieurs centaines, voire plusieurs milliers d'hectares, même une hausse minime fait gagner beaucoup d'argent, d'autant que le marché des céréales, devenu spéculatif, est orienté à la hausse depuis quelques années. Pour les petits producteurs, en revanche, ceux qui cultivent des superficies relativement restreintes, la hausse de rendement ne permet pas toujours de lisser le surcoût des semences et des intrants. Reste le temps gagné sur la lutte contre les parasites et sur le désherbage, moins compliqué.

CHAPITRE 2

LES OGM, SÉSAMES EN PAYS PAUVRES ?

C'est dans les pays émergents que la croissance des cultures OGM est la plus forte. C'est chez eux que la part – publique – d'investissement dans les biotechnologies augmente le plus. Dans des pays aussi peu riches que le Burkina Faso, l'Ouganda ou le Kenya, des cultures génétiquement modifiées sont aussi implantées ou testées depuis plusieurs années. En majorité, ces plantations sont vouées à l'exportation – le coton et le soja, surtout. Or, si de telles cultures sont très rentables pour les pays émergents qui n'ont plus de problèmes pour nourrir leurs populations, il en va autrement pour les pays pauvres toujours confrontés à la sous-nutrition. À quoi cela peut-il bien servir de cultiver des OGM destinés à l'exportation quand les besoins essentiels en nourriture ne sont même pas satisfaits ? À sortir de la pauvreté – grâce à l'argent gagné par les exportations –, cause première de la faim : la faim dans le monde n'est pas une conséquence d'un déficit de l'offre, mais avant tout de l'incapacité des agriculteurs à s'équiper simplement d'outils et des consommateurs à acheter du riz ou du manioc, ou un simple poulet. Pour autant, il n'a pas été démontré que la culture d'OGM a changé le niveau de vie, au moins, des cultivateurs concernés, bien que ceux-ci bénéficient d'une franchise sur le paiement des semences transgéniques, à concurrence de 10 000 dollars de revenus annuels.

Ce dont les pays pauvres ont besoin, c'est avant tout de manger. Pour cela, il leur faut de l'argent, des cultures vivrières abondantes, et ils ont besoin d'accéder à des techniques permettant de cultiver et d'élever le bétail avec un rendement supérieur et un effort moindre. En général, dans les pays dits du Sud, l'agriculture n'a pas dépassé le stade manuel, et le besoin de main-d'œuvre n'est satisfait que par le travail des enfants et des femmes. Cela ne favorise pas la scolarisation des petits ni l'émancipation de leurs mères.

Les pays pauvres ont en fait besoin d'accéder au même savoir que le nôtre. La révolution verte des années postcoloniales n'a été qu'un leurre : ce que nous leur avons apporté – machinisme, engrais, pesticides, herbicides – n'était pas adapté à tous les sols, à toutes les semences, aux réalités du terrain, encore moins aux structures sociales de la paysannerie, loin s'en faut. Cette forme de néocolonialisme n'a pas réglé les problèmes de la sous-production locale, au contraire, elle a souvent déstructuré le monde rural et elle a rendu ces nations « libérées » toujours plus dépendantes de notre argent, de notre savoir et des marchés mondiaux.

Aujourd'hui, les pays pauvres réclament de l'argent, certes, mais avant tout pour permettre à leurs agriculteurs de pouvoir simplement faire leur métier : acheter des outils, de l'engrais, creuser un puits, planter les semences les plus adaptées, travailler le sol convenablement sans le dégrader, étudier l'agronomie. Pourquoi alors cultiver des OGM ? Parce qu'ils ont un potentiel important. Les pays pauvres, ceux d'Afrique en particulier, veulent accéder à toutes les techniques possibles. Les OGM y compris. Pas nécessairement le coton ou le maïs transgéniques, mais la patate douce résistant d'elle-même à son virus (tests réalisés au Kenya), le riz enrichi en vitamine A (le fameux riz doré, qui n'a pas donné satisfaction), le manioc moins toxique (il est naturellement chargé en une forme de mercure, son pesticide naturel !), l'aubergine, qui se défend elle-même contre ses parasites (un légume de base en Inde, dont le pays n'a pas encore autorisé la version OGM).

Ces pays font les tests eux-mêmes et ont souvent

obtenu une copropriété des droits intellectuels de la part des semenciers. Les résultats ne sont pas encore fabuleux, en général, mais c'est à eux de décider des conclusions à en tirer. Comme de savoir quelle part ils voudront donner aux cultures OGM, à l'agro-écologie, au bio, à la sélection traditionnelle…

Le dilemme s'illustre par la culture du coton, plante qui ne remplit pas le ventre des populations locales, mais est souvent la seule source de revenus de villages entiers. Au Burkina Faso, elle représente même la moitié des recettes d'exportations. Les études conduites dans ce pays ont montré que le coton Bt (résistant à ses parasites) offre un meilleur rendement que le coton traditionnel et contamine moins les sols – et les cultivateurs – parce qu'il réclame moins de pulvérisation de pesticides. Mais les semences sont très chères. À l'opposé, le coton bio ne nécessite aucune pulvérisation aussi coûteuse que néfaste, mais offre des rendements bien plus faibles et réclame beaucoup de main-d'œuvre. Faut-il choisir entre les deux ? Sans doute pas. Toutes les solutions sont bonnes en fonction des contextes locaux.

Les pays occidentaux peuvent aider à les trouver en acceptant, au moins, que chaque pays soit souverain dans ses choix agronomiques et ait le droit de protéger son agriculture de la concurrence déloyale exercée par l'agriculture productiviste du Nord grâce à un marché libéralisé. Les pays pauvres n'acceptent plus que leur agriculture soit régie par la Food and Agriculture Organization (FAO) ou par la Commission européenne. Ils ne veulent plus, en compagnie des pays émergents, être mis sur un faux pied d'égalité (« la concurrence libre et non faussée ») avec nos pays riches sur un marché mondial non régulé : concrètement, ils ne peuvent plus accepter que leur agriculture soit tuée dans l'œuf par les produits que nous leur exportons pour un coût bien inférieur. Une capacité de décision, des marchés communs régionaux bien organisés, des transferts de technologies, de l'argent et des infrastructures (une agriculture peut difficilement nourrir son monde s'il n'y a ni routes, ni silos, ni chaîne du froid)... Les OGM ne sont qu'une partie de la solution.

CHAPITRE 3

DES OGM POUR NOURRIR LE MONDE ?

Les OGM vont-ils permettre de résoudre enfin la faim dans le monde ? C'est ainsi que leurs promoteurs les défendent : les biotechnologies et la transgenèse sont des solutions *a priori* idéales pour apporter à manger aux ventres affamés, car elles pourront faire pousser demain du maïs, du blé, de l'igname, de la patate douce là où rien ne pousse et surtout avec un bien meilleur rendement que celui obtenu avec une houe et un peu de fumier. Ainsi la production augmentera là où elle est déficitaire depuis toujours. Ce raisonnement suppose que l'humanité ne produit pas assez de nourriture pour tout le monde et que les systèmes de distribution ne permettent pas d'amener les produits alimentaires dans les régions malheureuses. Il est faux sur son premier postulat. Car l'humanité produit largement de quoi se nourrir, et même plus encore. Entre 1960 et aujourd'hui, le rendement du blé et du maïs a triplé en France : on en est à 6,7 tonnes pour le premier par hectare, 8,6 tonnes pour le maïs ! Au Kenya, le rendement du maïs dépasse à peine 1,4 tonne par hectare. Avec une telle augmentation, la ration quotidienne de chaque Terrien, calculée en divisant le nombre total de calories produites par le nombre d'habitants de la planète, est passée de 2 360 kcal à 2 900 kcal. En moyenne : on est à plus de 4 000 kcal dans les pays riches, et à moins de 2 400 dans les pays les plus pauvres. L'humanité produit donc largement de quoi se nourrir (un être humain a besoin d'un minimum de 2 000 kcal chaque jour), mais ce qu'elle produit est mal réparti : il y a pléthore au Nord, pénurie au Sud – surtout en Afrique, la révolution verte qui a permis cette explosion calorique a sorti l'Asie de la faim. Le problème de la faim est donc avant tout une affaire de répartition des richesses, et, à un niveau régional, une histoire de moyens offerts aux agriculteurs pour au moins subvenir à leurs besoins. Les 880 millions de mal nourris du monde sont avant tout… des paysans. Cruel paradoxe. Le cordonnier est toujours le plus mal chaussé du village, et le paysan africain, car 30 % du continent noir est affamé, n'a souvent pas de quoi posséder une bêche en bon état, encore moins une pompe à eau. Son rendement est catastrophique, et il a faim. La mise à disposition de semences OGM ne lui serait pas d'une grande utilité.

Les OGM pourraient-ils au moins accroître les rendements ? Sans doute, dans le futur. Pourraient-ils nous permettre de mettre en culture les 4 milliards d'hectares de terres qui ne le sont pas encore, parce que difficiles à travailler ? Peut-être. C'est en Amérique du Sud et en Afrique que se trouvent les terres les plus intéressantes. Augmenter la production sera nécessaire, car nous serons 2 milliards de plus en 2050, et, dans les instances internationales, européennes et nationales, le temps de l'agriculture intensive semble compté : pesticides, herbicides, engrais, labours trop profonds, cultures sans rotation ni respect des réalités écologiques et variétales locales ont fait tellement de dégâts à la terre et à l'eau que cette agriculture très productive, qui a soutenu la révolution verte, va devoir à tout le moins utiliser moins de produits chimiques et de machines et faire un peu plus attention aux contingences écologiques comme aux pratiques traditionnelles. Autrement dit, l'agriculture va connaître une chute de ses rendements, et, pour compenser, il lui faudra produire sur plus de terres. En Afrique, ça ne sera possible que si les agriculteurs ont les moyens de le faire et si les marchés internationaux leur sont ouverts. Et s'ils s'interrogent sur la meilleure façon de produire au mieux, en fonction de la réalité de leurs sols, de la variété de leurs races domestiques, de leur climat : l'essentiel, pour éviter la faim, est aussi de ne pas reconduire le modèle productiviste qui ne peut pas aller plus loin, compte tenu des dégâts qu'il a occasionnés partout, sous prétexte de rattraper nos pays gavés de surplus.

CHAPITRE 4
LA FIN DU PRODUCTIVISME ?

À l'heure actuelle, les organismes génétiquement modifiés sont indispensables à la connaissance du vivant et à la fabrication de médicaments. C'est là où ils nous sont le plus utiles, car nous en bénéficions chaque jour, et nous en bénéficierons encore plus demain, lorsque les thérapies géniques, les gènes médicaments, prendront leur envol.

Dans le domaine de l'agriculture, l'utilité des maïs, colza, soja et coton transgéniques reste à démontrer. Les rendements des récoltes augmentent ici, mais pas là. L'usage des herbicides a beaucoup progressé (voir I, chapitre 10). Celui des pesticides a baissé, ou a remonté, selon les régions. Il est difficile de se faire une opinion tant les informations sont contradictoires et les chiffres difficiles à vérifier. Les bénéfices économiques pour les agriculteurs sont, eux aussi, contrastés. D'une région à l'autre, l'adhésion à cette « révolution agricole » est plus ou moins forte. Sauf chez les plus gros producteurs, éleveurs ou agriculteurs, qui y trouvent leur compte : pour eux, les plantes transgéniques s'insèrent assez facilement dans leur système industriel et leur rapportent effectivement du temps et de l'argent. Les OGM semblent être, aujourd'hui, la simple continuation du productivisme par une voie différente de celle de la chimie, qui ne peut plus continuer comme avant. Ils ne sont pas socialement utiles. Le seront-ils demain ? Il faut l'espérer, car les biotechnologies sont porteuses de développements assez alléchants.

Au niveau de l'environnement, de ce si galvaudé développement durable, qu'en est-il ? En ce qui concerne les variétés résistantes aux herbicides, le bilan est neutre. Betteraves et maïs résistants aux herbicides remplacent des maïs et des betteraves qui étaient déjà largement pulvérisés sur des surfaces gigantesques quasi monovariétales (et donc sans biodiversité). L'intérêt est donc discutable, d'autant que, après un certain temps, des résistances apparaissant, il faut pulvériser davantage. Il semblerait toutefois qu'avant que ces résistances se fassent jour la biodiversité soit plus forte que sur les champs non OGM, signe que la contamination par l'herbicide serait moins importante.

Quant aux variétés résistantes à leurs parasites, l'impact

sur l'environnement est *a priori* positif. Pas de pulvérisation de pesticides, c'est quand même un progrès quand on se souvient du désastre qu'a constitué pour l'environnement et la santé humaine l'accumulation durant une trentaine d'années de ces molécules toutes plus toxiques les unes que les autres et quasi indestructibles. Un progrès si le rythme d'apparition des résistances des parasites n'est pas accéléré, si la toxine qui les tue ne tue qu'eux et ne nous rend pas malades... Un progrès surtout si ces plantes Bt sont semées là où elles sont le plus utiles, c'est-à-dire là où les rendements des variétés non transgéniques sont les plus faibles parce que les parasites sont les plus actifs. Or ces semences, parce qu'elles sont chères et qu'elles exigent une haute technicité, ne sont bien souvent proposées qu'à des clients des pays riches, où les attaques de parasites ne sont pas les plus fortes. En zone subtropicale, en revanche, où elles seraient fort utiles pour transformer en régions productrices des terres rendues vacantes par les parasites bien portants, ces semences sont assez rares.

Pour tous les autres types de plantes transgéniques, on ne peut rien dire, car ils en sont au stade des essais.

Au final, le bilan est contrasté. Les OGM actuels profitent avant tout au mode de production productiviste qu'ils perpétuent. Mais, à l'exemple des semences Bt, certains ont un potentiel important. La multiplication des essais, y compris en plein champ, est indispensable pour se faire une opinion plus solide qu'elle ne peut l'être aujourd'hui.

CHAPITRE 5

OGM *VS* BIO, PAS D'ALTERNATIVE ?

L'alternative aux OGM n'est pas le bio. L'alternative aux OGM, c'est d'autres formes de sélection, d'autres façons de cultiver, une remise en cause du productivisme tel qu'il existe depuis un demi-siècle. Pour une fois, observer les pays pauvres et se souvenir de la façon dont nous produisions avant guerre permettent d'envisager sereinement l'avenir. Surtout quand des organismes officiels tels que l'INRA redécouvrent, eux aussi, les mérites, par exemple, du labour peu profond, de la prairie permanente et de la rotation des cultures. Utiliser moins d'intrants chimiques (pesticides, herbicides, engrais), c'est abandonner le mode de production d'aujourd'hui, qui, grâce à la chimie, pouvait permettre de planter d'immenses surfaces avec une seule plante sans se soucier du reste. Avec moins d'intrants, les plantes dépendent de ce qu'elles trouvent dans le sol et sont soumises franchement à ce qui les mange et les rend malades. Bref, aux aléas de la vie. Toutefois, elles peuvent s'appuyer sur la nature elle-même pour s'en sortir. On appelle cela l'agriculture « écologiquement intensive », plus simplement le bon sens formalisé par l'agronomie.

Il s'agit, en substance, d'augmenter les rendements de façon naturelle en utilisant au mieux les relations entre les espèces, le sol et l'eau, au sein des écosystèmes : faire tourner à plein régime le réseau social qu'est l'enchevêtrement d'espèces constitutif d'un milieu naturel. Avec le productivisme, on force ; avec ce type d'agriculture, pas si nouveau, on sollicite. L'idée première est de capter toute l'énergie disponible, c'est-à-dire le soleil. Comment ? En faisant en sorte que chaque jour de l'année toute la lumière soit captée par des feuilles et non par le sol. Cela profite aux plantes, cela fait de l'ombre à la terre qui, du coup, évapore moins d'eau. Des plantes associées entre elles. Ce qui a d'autres mérites : bien choisies, elles se complètent dans la lutte antiparasitaire et dans le travail du sol. Ainsi, en zone sahélienne, il est assez courant de cultiver le sorgho sous des acacias. Les arbres brisent le vent, retiennent le sable, atténuent la lumière du soleil. Il y fait beau, moins sec, agréable aussi bien pour les hommes que pour les bêtes et pour le sorgho. En outre, les racines de l'arbre plongent assez profondément dans le sol pour capter des nutriments, notamment le phosphore, indispensable à toute plante avec l'azote et le potassium. Ces nutriments s'accumulent dans les feuilles. Lorsqu'elles tombent, elles pourrissent, constituent un humus riche en ces nutriments que saura utiliser le sorgho. Un avantage considérable quand on sait que les mines de phosphates, sans lesquelles nous ne pourrions fabriquer nos engrais, sont en train de se tarir. En Afrique, l'engrais vient du ciel. Mais aussi du bétail dont les déchets, comme chez nous, font un fumier riche en azote. Les machines sont réduites à celles qui abîment le moins le sol. Cela oblige évidemment à disposer d'une main-d'œuvre nombreuse. Dans les pays pauvres, c'est facile, mais il n'est pas dit que cette main-d'œuvre ait le temps d'aller à l'école pour faire autre chose, un jour, que s'esbigner sur une terre difficile.

En France aussi, on s'y essaie. Sur son champ d'études près d'Époisses, l'INRA étudie depuis douze ans l'évolution de 140 hectares de blé pulvérisés avec très peu, voire pas du tout, d'herbicides. Des outils mécaniques pour se débarrasser des adventices, une rotation des cultures plus complexe que celle, classique, du trio blé-orge-colza afin de diversifier les compétitions entre plantes culturales et adventices, des semis après la sortie de celles-ci, pour qu'elles soient plus faciles à éradiquer, des semis plus denses pour les étouffer… Tout a été essayé. Au final, pas de désherbant utilisé, et malgré tout, les champs n'ont pas été envahis par les mauvaises herbes. Sauf une parcelle, une fois. Il a fallu tout couper, puis cultiver de la luzerne pour que le chardon, ainsi concurrencé, s'épuise et meure. Cela a pris trois ans. Le sol est redevenu vivant, riche en azote. La perte des rendements, assez faible, a été compensée par la baisse des coûts d'exploitation.

L'enseignement de cette expérience française est double : le besoin à la fois d'une science agronomique bien comprise, afin de bien marier les espèces et d'en bien connaître les cycles de vie, et le besoin de débouchés pour les sous-produits que sont, par exemple, la luzerne et le chardon fauchés. L'INRA a montré que l'on pouvait cultiver sans herbicides, *a fortiori* sans OGM RoundUp Ready, au prix d'un bouleversement complet de la façon dont on pense l'agriculture, du point de vue de la culture et de l'économie.

D'autres expériences ont même permis de démontrer qu'au même prix l'on pouvait aussi se passer de pesticides. Comme les mauvaises herbes, les parasites sont attirés par le type même de culture productiviste : ces terres d'un seul tenant, travaillées en profondeur, débarrassées de leurs concurrents, sont une aubaine pour les adventices, de même que pour les parasites attirés par la manne que représente un champ de blé taillé au cordeau. La diffusion de l'agriculture dans le monde néolithique se suit à la trace : elle s'installe conjointement aux mauvaises herbes et aux rats. L'agriculture productiviste attire ses ennemis, auxquels elle fait face par des armes de destruction massive. Une autre manière de faire est de casser le cycle de vie des ravageurs de culture en faisant alterner les cultures. Récolter l'une quand son parasite est au stade parasitaire, la remplacer par une autre alors que le parasite de celle-ci est endormi… et l'on réduit la pression parasitaire. Encore plus si on ne laboure que superficiellement, une façon de faire qui a aussi le mérite de ficher la paix à la microfaune du sol et aux lombrics sans lesquels le sol serait dépourvu de tout nutriment, azote, phosphore, potassium, et retiendrait trop peu d'eau. C'est le cas dans les grands champs de céréales qui n'ont de fertilité que dans les engrais qu'on y ajoute, pour compenser. Mais sur un sol non travaillé, jamais retourné, les mauvaises herbes ont la racine solide…

Il est possible aujourd'hui de produire en utilisant moins de produits chimiques, en se passant des OGM. Mais en a-t-on envie ? Car cette agriculture aura besoin de terres : elle contraindra l'étalement urbain. Elle aura besoin de main-d'œuvre : qui, aujourd'hui, a envie de travailler aux champs ? Elle sera peut-être plus soumise aux aléas de la vie : est-on prêt à ne pas avoir toujours les mêmes fruits et légumes sur l'étal ? Elle sera sans doute plus chère : acceptera-t-on d'y consacrer une part plus importante de notre budget ? Les OGM seront peut-être utiles, demain, il n'y a pas de raison de les rejeter *a priori*. Mais ils ne pourront que s'insérer dans une agriculture en train d'abandonner le productivisme. C'est, au final, nos choix de consommateurs et de citoyens qui feront la décision.

V
LES OGM, EST-CE QU'ON PEUT EN PARLER ?

CHAPITRE 1

LE GÈNE DES PEURS COLLECTIVES

Notre incapacité à dialoguer sur les OGM, cette façon si étonnante de nous ranger résolument parmi les « pro » ou les « anti », comme s'il fallait choisir son camp, devrait nous interroger. Pourquoi sommes-nous si manichéens ? Pour quelles raisons rejetons-nous par avance tout argument qui ne va pas tout à fait dans notre sens ? Tout croyant s'arrange pour ne lire, ne voir et n'entendre que ce qui le conforte. Sommes-nous des croyants ? Plus simplement, nous avons peur de l'incertitude, or les faits, juste les faits, parce qu'ils sont complexes et dérangent ce que nous croyons être la vérité, nous font peur. Alors nous les rejetons. D'autant plus facilement que nous avons plaqué sur les OGM l'ensemble de nos peurs actuelles. Le gène est devenu sale. Pourquoi ? Parce qu'il représente la vie, son essence même, et qu'en le manipulant, en le faisant passer d'une espèce à l'autre, parce qu'il serait interchangeable, nous avons transgressé les fondamentaux. Comme nous l'avons fait avec le nucléaire, les cellules-souches ou les nanotechnologies. Nous avons bouleversé un ordre naturel fait de reproduction et de barrières inter-spécifiques. Nous l'avons fait en nous affranchissant aussi de la barrière du temps. Avec la transgenèse, nous pouvons réaliser en quelques mois ce qui, depuis dix mille ans, prenait une quinzaine d'années. Et nous avons transgressé les lois naturelles, pour ne pas dire les lois divines, pour de viles questions d'argent : autant nous pouvons accepter les OGM médicaux et les gènes médicaments, parce que nous en voyons l'utilité immédiate ou supposée, autant nous peinons à comprendre l'intérêt de maïs ou de soja modifiés qui semblent avoir été imposés par des géants industriels à un monde agricole qui nous est étranger. Tous ces gènes sont en plus brevetés par ces firmes ! La vie, propriété de la Terre, est donc désormais en voie de privatisation. Ce serait là l'ultime transgression. Pour des gènes que nous avalerons de toute façon. Or nous avons appris à nous méfier de tout en ce qui concerne la nourriture. La vache folle, les pesticides, l'aspartame, le veau aux hormones, le lait cru, la viande rouge, tout nous fait peur. Tout est une source possible de contamination, de maladies. Tout ce qui est invisible nous menace. Alors le gène, ce gène-là, transfecté dans un aliment par une firme qualifiée par une célèbre journaliste de néfaste pour l'humanité, est sale. Donc, les OGM sont sales. Le progrès est sale. Il faut s'en méfier.

CHAPITRE 2
PRÉSERVER LA RECHERCHE

Le gène est d'autant plus sale qu'il est l'objet de la Science. Or la Science est mauvaise parce que ce qu'elle découvre s'échappe et devient radiations nucléaires, nanotechnologies, cellules-souches, OGM. La Science transgresse. La Science fait mal. L'image du chercheur en a pris un coup. Il n'a plus la barbe de Pasteur, il n'œuvre plus pour le bien commun mais pour sa carrière, son salaire et les intérêts de ceux qui le paient. Le chercheur, forcément, est stipendié, corrompu. Il court après l'argent qu'il n'a pas ! Et puisqu'il ne vient jamais expliquer ce qu'il fait autrement que dans un langage abscons, il est décidément hors du monde. Mystérieux. C'est donc qu'il a des choses à cacher. Il ne sait pas – a-t-il jamais su ? – expliquer la marche du monde. La Science n'a aucun récit de substitution à celui de la Bible qui continue d'encadrer nos peurs. Quoi qu'elle puisse dire, elle se trompe ; à force de rationaliser, de formaliser, elle a ôté beaucoup de poésie, d'envie de croire, de spiritualité. La vie ne serait donc qu'un tas de gènes qu'on pourrait breveter, échanger, bricoler ? C'est insupportable !

Alors il faut arrêter la Science. Qu'elle cesse enfin de travailler sur les OGM, car elle est incapable d'empêcher les industriels d'ouvrir la boîte de Pandore. Le principe de précaution doit s'appliquer. J'ai peur, parce que je suis incertain, alors je préfère ne pas voir.

Arrêter toute recherche sur les OGM paraît absurde. On n'arrête pas l'esprit de découverte, l'aventure de la connaissance. Et pourtant, si. Le discours dominant décourage les chercheurs. Ils vivent très mal le fauchage de leurs parcelles d'études. Pourquoi continuer de travailler sur les OGM dans la mesure où, de toute manière, les résultats des travaux seront interprétés dans un sens binaire : ils sont pro- ou anti-OGM ? Le croyant se nourrit toujours de tout ce qui le fait croire. Celui qui le perturbe est un ennemi. Eh bien, puisque c'est comme ça, j'arrête de chercher, nous dit la Science, que nous n'entendons pas. Les biotechnologies françaises étaient leaders mondiales dans les années 1990. Aujourd'hui, elles n'existent presque plus sur la scène internationale. Le gène est sale, alors c'est tant mieux ? Non, car nous perdons ainsi de l'expertise, du savoir, de la capacité à comprendre ce que Monsento et autres BASF proposent de mettre sur le marché. Nous insultons l'avenir qui sera peut-être fait, qui sait, d'OGM réellement utiles à la société. Faudra-t-il en acheter les brevets parce que nous n'avons pas su les déposer nous-mêmes ? Au désastre de la pensée s'ajouterait alors un désastre économique.

Comment peut-on penser s'arrêter de chercher ? C'est un mystère. Soyons pragmatiques. Les OGM, même si on ne les aime pas, sont une occasion d'enfin chercher sur toutes les autres méthodes concurrentes comme la sélection assistée par marqueurs ou la mutagenèse. Veut-on montrer que les OGM ne sont pas la panacée ? Alors finançons enfin les études botaniques et zoologiques qui nous manquent pour repérer les variétés et les races pleines de ressources génétiques. Recrutons des chercheurs pour mieux comprendre le fonctionnement des écosystèmes, les relations entre une plante et ses parasites, les relations entre un gène et son environnement cellulaire. Les OGM nous font peur parce qu'ils sont incertains ? Alors réduisons l'incertitude ! Pas en arrêtant, mais en avançant. En cherchant.

CHAPITRE 3

RÉFORMER L'EXPERTISE

Que les OGM soient enfin l'occasion de financer et de développer l'écotoxicologie, discipline en décrépitude en France ! La connaissance du devenir d'un élément toxique dans l'environnement est mauvaise, dans notre pays, faute de spécialistes en nombre suffisant. Toxicologues, écotoxicologues sont gens rares. L'expertise nous manque, jusque dans les commissions internationales où nous ne sommes plus en position d'influer sur les réglementations et sur les directives. Pour savoir, il faut comprendre, et nous ne nous donnons pas beaucoup de moyens pour ce faire. Les chercheurs et ingénieurs de nos agences sanitaires sont en manque cruel d'argent. Ils quêtent cet argent, et puisqu'ils sont rares, et compétents, ils sont appelés pour des expertises privées par les géants de l'industrie. Il faut bien alimenter son labo, d'autant que l'État se désengage chaque année un peu plus. On a la recherche publique que l'on mérite.

Pour autant, un chercheur qui va à la mangeoire est-il acheté ? En science, force reste toujours à la contre-expertise. On publie, on est critiqué, d'autres publications viennent invalider ou confirmer les résultats. Difficile de truquer, de truander longtemps des données. Un expert privé, membre d'une ONG, est-il forcément plus libre, moins corruptible qu'un chercheur fonctionnaire ? Il dépend d'une structure qui a besoin de financements, lesquels nourrissent une philosophie à laquelle les donateurs adhèrent. Si la philosophie change, les donateurs vont voir ailleurs. Une ONG anti-OGM peut-elle donc trouver autre chose que des faits anti-OGM ? Une entreprise semencière peut-elle publier autre chose que sa propre publicité ?

Alors il faut faire confiance aux structures publiques, seules à même de mener une recherche *a priori* impartiale. Il n'y a que l'État qui possède par ailleurs les moyens, tout de même, de conduire des recherches de longue durée, sans obligation de résultats immédiats. Il faut des études sur plusieurs mois, peut-être plusieurs années, pour caractériser l'éventuelle toxicité des OGM. La polémique qui a suivi la publication de Séralini l'a bien montré. Mais, pour cela, il faut des biologistes, des statisticiens, des toxicologues qui travaillent ensemble. Et de l'argent, beaucoup d'argent. La recherche vaut cher, les études de toxicologie de longue haleine sont coûteuses en moyens financiers et humains, la mise en place d'un observatoire épidémiologique exige de la constance. C'est à ce prix cependant que la confiance envers l'institution scientifique et l'État reviendra, peut-être.

CHAPITRE 4
QUESTIONNER NOTRE AGRICULTURE

L'affaire Séralini nous a fait découvrir l'intérêt de mener des recherches de longue durée. Nous finirons peut-être un jour par nous convaincre que les OGM, si peu utiles soient-ils, sont un formidable objet de recherche. Qu'il serait hasardeux de les rejeter, sous prétexte qu'ils sont mauvais : les risques économique et scientifique, pis, philosophique, d'un abandon sont plus lourds que les risques environnementaux et sanitaires, survalorisés par nos peurs et notre manichéisme. Que l'on regarde l'agriculture pour nous en convaincre. On la dit menacée par les OGM. Alors supprimons les OGM et les agriculteurs redeviendront paysans, ils ne seront plus soumis au diktat des grands groupes, les terres seront mieux semées et la biodiversité sera sauvegardée ! Comme si les OGM étaient la cause de tous les maux. Ils ne sont en fait que l'acmé d'un système que nous rejetons : le productivisme. Que voyons-nous vraiment derrière les semences transgéniques ? Une transgression ? Le capitalisme ? Une pollution ? Non, nous y voyons surtout la cristallisation de tous nos dégoûts. Mon810 est un bouc émissaire, auquel nous voulons faire payer ce que nous avons accepté durant des décennies. Il est le totem expiatoire sur lequel nous frappons. Une cristallisation.

L'OGM symbolise l'agriculture qui a échappé aux agriculteurs, le hors-sol, le forçage, l'artificialisation des pratiques, la malbouffe, la normalisation des paysages, la continuité d'un système qui appauvrit les pays pauvres, enrichit les pays riches, pollue, détruit, crée des stocks ici et des pénuries là, joue sur le blé comme on le fait au casino, un système fou qui touche à sa fin mais qu'on ne sait pas arrêter. Alors nous pensons qu'en luttant contre les OGM, c'est un signe que nous envoyons au « système » : par ce symbole que nous souhaitons faire tomber, c'est tout un monde vide de sens que nous dénonçons et voulons casser. Fauchons et les têtes tomberont. Fauchons et nous aurons à nouveau les pieds sur terre. Brûlons la sorcière, et il fera soleil demain.

L'omniprésence des OGM dans le vrai-faux débat médiatique a eu le grand mérite de nous faire nous interroger sur nos pratiques agricoles. Dans un pays aussi rural que le nôtre, où nos racines plongent dans une paysannerie révolue, forcément plus saine, plus juste et plus belle qu'aujourd'hui, le combat contre les plantes transgéniques a redonné de la couleur à nos clichés passéistes. Les interdire, ce serait comme inverser la marche du temps. Nous savons que c'est impossible, alors nous réfléchissons : nous n'avons jamais autant parlé de nos pratiques agricoles depuis que nous parlons des OGM. En dépit des clichés, des idées reçues, des facilités de langage, des positions tranchées, d'un débat purement binaire, les réalités de l'agriculture d'aujourd'hui ont largement diffusé. Parce que les plantes transgéniques symbolisent le productivisme, nous comprenons enfin les tenants et aboutissants d'un système qui voudrait s'engager dans une fuite en avant. Mais qui, confronté à ses externalités environnementales, sanitaires et sociales, au rejet caché derrière celui du Mon810 et à celui, de plus en plus fort, des pays pauvres, s'interroge. Dans les grandes instances internationales, le dogme productif et ultralibéral est en train de vaciller. On y parle même régulation des marchés agricoles…

En combattant, mal, les OGM, nous avons permis à d'autres types de production de voir le jour médiatique. Quand aurait-on pu parler, sinon, de rotation des cultures, de prairies permanentes, de cultures sans labours, de polyculture, de localisation de la production, d'agriculture raisonnée ? De la différence ? La majorité des agriculteurs eux-mêmes, qui abandonnent le productivisme à mesure que son coût leur est chaque année plus insupportable (engrais, pesticides et fioul grimpent, grimpent...), se pose des questions. Moins, sans doute, les cultivateurs, enfermés qu'ils sont dans un système de performance entrepreneurial, que les éleveurs qui ont retrouvé l'intérêt de maintenir les prairies, de marier la vache au blé pour faire du fumier, de limiter leurs achats de tourteaux. Et puis, face au rejet de la société pour les OGM, ils ont découvert l'importance du mot traçabilité. En demandant s'il y a des OGM dans un produit, nous voulons simplement savoir d'où vient ce produit, qui le fabrique, et où. Une façon de refuser la virtualisation de l'agriculture, de s'ancrer de nouveau dans le réel. De donner du sens à la vie, de retrouver le bon sens.

Les agriculteurs feront de l'OGM, parce que c'est une technique comme une autre qui, demain, pourrait se révéler bénéfique. Ce n'est que cela. Ce ne devrait être que cela. Si nous laissons le choix des moyens aux agriculteurs en réformant le fonctionnement du marché agricole mondial, en bouleversant la PAC dans un sens durable, en achetant les produits qui correspondent au monde paysan que nous sublimons. Sinon, la force des semenciers, alliée à notre incapacité à lui opposer celle de notre recherche, dictera sa loi. Et les paysans tels que nous les verrons achèveront de disparaître au bout de la longue agonie du productivisme.

CONCLUSION

UNE FABRIQUE DE CONTESTATION ET DE DÉMOCRATIE

Contrairement à ce qu'en disent les anti-OGM, il n'y a jamais eu autant de débats sur le sujet. Il n'y a pas eu de confiscation par les pro-OGM. Pour les sociologues, la transgenèse est même un événement unique en cela qu'il est une fabrique permanente de contestation et de démocratie. C'est sur les OGM que ONG et associations se sont essayés à inventer plein de formes de contestation, depuis les éléments de langage et les slogans, jusqu'à la désobéissance civile du fauchage. Les militants ont dû apprendre à argumenter, à communiquer, à pratiquer une veille technologique et réglementaire de tous les instants.

Ils ont appris à porter plainte, à recourir au droit. Qu'ils aient été excessifs, souvent caricaturaux, manichéens, peu importe : il est frappant de voir que la résistance contre l'« invasion transgénique » a changé profondément le mode d'expression des faiseurs d'opinion. Celle-ci a peut-être été manipulée. Elle n'en a pas moins été informée. Jamais, depuis que l'on parle des plantes génétiquement modifiées, il y a une quinzaine d'années, la société n'a autant interrogé ses leaders ni remis en cause le processus de décision. Du coup, il n'y a jamais eu autant de rapports, de conférences, de réunions d'information, de directives, de lois et de règlements que sur ce sujet-là. Les citoyens n'ayant plus confiance en leurs institutions, sauf celles qui ont la parure du chevalier blanc et portent la bannière de la pureté, les ONG, se sont laissés aller à questionner la légitimité des politiques, des experts, des industriels, des agriculteurs à penser l'avenir à leur place. On ne peut plus imaginer, aujourd'hui, une décision qui vienne du haut sans avoir été soumise à la réflexion du bas. Même si c'est pour faire semblant, le ver de la transformation de la pyramide en cercle imparfait est dans le fruit de notre centralisme décisionnel. La fabrique à contestations qu'est, pour un décideur, une « concertation » est devenue nécessaire depuis l'hystérisation de la lutte contre les OGM.

Maintenant que la société a appris ce qu'elle avait découvert, son devoir et son pouvoir de contester l'ordre, il lui faut les maîtriser. Ce qui signifie accepter que les choses ne soient pas blanches ou noires, qu'il existe des opinions divergentes qui nuisent au monde idéalement manichéen que nous nous sommes construit. La seule question à se poser, finalement, est : « Il y a des risques. Est-ce que ça vaut la peine de les prendre ? » C'est bien cela le principe de précaution, pas ce qu'il est devenu à force d'outrances et d'instrumentalisation – un couvercle sacré que l'on referme sur le sujet dès le moment où il nous échappe. Dites « principe de précaution », nommez-vous comme « lanceurs d'alerte », et le débat n'est plus possible. La France est un pays qui, n'ayant pas encore digéré sa monarchie, crée des saints laïcs. Avec les OGM, elle a réinventé l'anathème et la communion, les martyrs et le blasphème.

Brunoy, TGV, Grasse, nov. 2012

BIBLIOGRAPHIE

Sites internet

http ://www.actualites-news-environnement.com
http ://www.actu-environnement.com
http ://www.aei-asso.org
http ://www.agrobiosciences.org
http ://www.biofortified.org
http ://www.fabrice-nicolino.com/index.php
http ://www.infogm.org
http ://www.journaldelenvironnement.net
http ://www.mediapart.fr
http ://www.notre-planete.info/actualites/
http ://www.pseudo-sciences.org
http ://www.reporterre.net
http ://sciences.blog.lemonde.fr
http ://sciences.blogs.liberation.fr/home/
http ://sciencescitoyennes.org
http ://www.sciencepresse.qc.ca
http ://www.slate.fr
http ://www.vivagora.fr

Publications

— Agence française de sécurité sanitaire des aliments (Afssa), « Avis de l'Agence française de sécurité sanitaire des aliments sur le rapport du Pr le Maho adressé à la Commission européenne en juin 2008 », 23 janvier 2009.

— Alliance pour la planète, « Les 10 "Idées fausses reçues" sur les OGM », lalliance.fr

— Anses (Agence nationale de sécurité sanitaire alimentation, environnement, travail), « Avis de l'Anses relatif à l'analyse de l'étude de Séralini *et al.* (2012) "Long term toxicity of a ROUNDUP herbicide and a ROUNDUP-tolerant genetically modified maize" », 22 octobre 2012.
— Avis des Académies nationales d'agriculture, de médecine, de pharmacie, des sciences, des technologies, et vétérinaire sur la publication récente de G.E. Séralini *et al.* sur la toxicité d'un OGM, 19 octobre 2012.
— Bahlai C. A., Xue Y., McCreary C. M., Schaafsma A. W., Hallett R. H. (2010), « Choosing organic pesticides over synthetic pesticides may not effectively mitigate environmental risk in soybeans », *PLOS One* 5(6) : e11250. doi : 10.1371/journal.pone.0011250.
— Benbrook C. (2009), « Impacts of genetically engineered crops on pesticides use in the United States of America : the first thirteen years », *Env. Science Europe*.
— Brookes G. & Barfoot P. (2009), *Global Impact of Biotech Crops : Income and Production Effects*, 1996-2007, AgBio-Forum, 12 : 184-208.
— Carpenter, J. E. (2011), « Impact of GM crops on biodiversity », *GM Crops,* 2 : 1, 7-23.
— Bové, José, « Débat OGM : du scientifique au consommateur via l'agriculteur », *Le Monde,* 4 octobre 2012.
— Chalmin, Philippe, « OGM et société. La position monopoliste et la stratégie impérialiste de Monsanto sont incontestablement un problème, beaucoup plus grave que ceux soulevés par Séralini », www.agrobiosciences.org, 10 octobre 2012.
— Chateauraynaud, Francis, Bernard de Raymond, Antoine, Hermitte, Marie-Angèle, Tétart, Gilles, *Les OGM entre régulation économique et critique radicale*, Rapport final du programme

ANR « Formes de mobilisation et épreuves juridiques autour des OGM en France et en Europe », Groupe de sociologie pragmatique et réflexive, EHESS, Paris, novembre 2010.

— Demaneche, S., Sanguin, H., Pote, John, Navarro, E., Bernillon, D., Mavingui, P., Wildi, W., Vogel, T. M., & Simonet, P. (2008), « Antibiotic-resistant soil bacteria in transgenic plant fields », *Proceedings of the National Academy of Sciences of the United States of America,* 105 : 3957-3962.

— EFSA, « Safety and nutritional assessment of GM plants and derived food and feed : The role of animal feeding trial », *Food and Chemical Toxicology*, 2008, 46 : S2-S70.

— Godard, Olivier, « L'indépendance (de l'expert), c'est d'abord se tenir à distance des pouvoirs publics, des intérêts financiers et des engagements idéologiques », www.agrobioscienes.org, 2 octobre 2012.

— Grayer, Michael, http://michaelgrayer.posterous.com/in-which-i-blow-a-gasket-and-get-very-uppity, http://michaelgrayer.posterous.com, 19 septembre 2012.

— Greenpeace, « 10 idées reçues sur les OGM », www.greenpeace.fr

— Huet, Sylvestre, « Neuf questions sur Séralini et les OGM poisons », 11 octobre 2012, http://sciences.blogs.liberation.fr

— Kloor, Keith, « GMO Opponents Are the Climate Skeptics of the Left », www.slate.com

— Lapointe, Pascal, « L'étude anti-OGM ou le syndrome de la recherche unique », Agence Science-Presse, 20 septembre 2012.

— Lindgaard, Jade, « OGM : Comme si nous étions au Moyen Âge de l'expertise », interview de Pierre Lascoumes, Mediapart, 27 septembre 2012.

— MacKenzie, Debora, « Study linking GM crops and cancer questioned », www.newscientist.com, 19 septembre 2012.

— Malaurie, Guillaume, « OGM : Non, la recherche publique ne se tourne pas les pouces », interview de François Houllier, *Le Nouvel Observateur,* 6 octobre 2012.

— Mangin, Loïc, « OGM : l'étude dont tout le monde parle », *Pour la science,* 1er octobre 2012.

— Monsanto, « Les OGM, c'est quoi ? 10 idées reçues sur les OGM », http://www.monsanto.fr

— Motta, J.-P. *et al.,* « Food-grade bacterie expressing elafin protect against inflammation and restore colon homeostasis », *Science Translational Medicine,* vol. 4, p. 158, 31 octobre 2012.

— Munier-Jolain, Nicolas, « Le Bilan de 10 ans d'essai de systèmes de culture en protection intégrée : la flore adventice est maîtrisable par les techniques alternatives aux herbicides », INRA, 26 juin 2012.

— Nature, « Poison postures. Researchers working on controversial topics must take care how they promote their results », *Nature* 489, 474, 27 septembre 2012.

— OCDE, « Lignes directrices de l'OCDE pour les essais de produits chimiques, Section 4, Effets sur la santé », 8 septembre 2009.

— Orac (pseudo), http://scienceblogs.com/insolence/2012/09/24/bad-science-on-gmos-it-reminds-me-of-the-antivaccine-movement, http://scienceblogs.com, 24 septembre 2012.

— Park, J., McFarlane, I., Phipps, R. & Ceddia, G. (2011), « The impact of the EU regulatory constraint of transgenic crops on farm income », *New Biotechnology.*

— Prejean, J. D., Peckham, J. C., Casey, A. E. *et al.,* « Spontaneous tumors in Spraque-Dawley rats and swiss mice », *Cancer Research,* 1973 ; 33 : 2768-2773.

— Ricroch, A., Bergé, J. B., Kuntz, M. (2010), « Is the

German suspension of MON810 maize cultivation scientifically justified ? », *Transgenic Research,* 19 : 1-12.
— Séralini, G.-E., Clair, E., Mesnage, R., Gress, S., Defarge, N., Malatesta, M., Hennequin, D., Spiroux de Vendômois, J., « Long term toxicity of a Roundup herbicide and a Roundup-tolerant genetically modified maize », *Food and Chemical Toxicology,* www.sciencedirect.com/science/journal/02786915/50/11, novembre 2012, p. 4221-4231.
— Snell, C., Bernheim, A., Bergé, J. B., Kuntz, M., Pascal, G., Paris, A., Ricroch, A. E. (2011), « Assessment of the health impact of GM plant diets in long-term and multigenerational animal feeding trials : A literature review », *Food and Chemical Toxicology,* doi : 10.1016/j.fct.2011.11.048.
— Snell, Ch., Bernheim, A., Bergé, J.-B., Kuntz, M., Pascal, G., Paris, A., Ricroch, A. E., « Assessment of the health impact of GM plant diest ub long-terme and multigenerational animal feeding trials : A literature review », *Food and Chemical Toxicology,* http://www.sciencedirect.com/science/journal/02786915/50/3, mars-avril 2012, p. 1134-1148.
— Van den Brink, L. *et al.* (2010), « Applied Plant Research. Research Unit for Arable Farming », *Field Production of Vegetables and Multifunctional Agriculture,* PPO-AGV, CGM 2010-08, PPO n° 3250165700, p. 1-79.

Pour en savoir plus

— *Le Monde selon Monsanto,* Marie-Monique Robin, Paris, La Découverte, 2009.

Succès planétaire que ce livre, mérité par la forme et le travail d'enquête, moins par le fond qui pêche par trop de manichéisme.

— *Les Moissons du futur : comment l'agroécologie peut nourrir le monde,* Marie-Monique Robin, La Découverte, 2012.

Une enquête fouillée sur l'« alter-agriculture » à travers le monde, riche en exemples de réussites et d'expériences enthousiasmantes. Le ton, péremptoire, donneur de leçons, nuit à la forme très accessible pour le grand public.
— *La Vérité sur les OGM, c'est notre affaire !* Corinne Lepage, Charles Léopold Mayer, 2012.
Pour comprendre le pourquoi du comment de la publication de Gilles-Éric Séralini. Un tout petit livre qui vaut surtout par la conviction d'une femme engagée.
— *Tous cobayes ! OGM, pesticides, produits chimiques*, Gilles-Éric Séralini, Flammarion, 2012.
Le pourquoi du comment de la publication de Gilles-Éric Séralini par lui-même. Sa motivation, son combat contre les OGM et la pollution chimique.
— *Génétiquement incorrect*, Gilles-Éric Séralini, Flammarion, 2003, 2012.
Un réquisitoire argumenté et passionnant contre la transgenèse, qui insiste sur notre méconnaissance fondamentale de la « vie » du gène.
— *Ces OGM qui changent le monde*, Flammarion, 2004, 2010.
Réquisitoire *bis,* cette fois contre les OGM et les firmes qui les fabriquent.
— *La Guerre secrète des OGM*, Hervé Kempf, Le Seuil, 2003, coll. « Points », 2007.
Une enquête édifiante sur l'origine des OGM, la contestation sociétale et le lobbyisme mis en place par les firmes pour y faire face. L'auteur est partial, mais son travail se lit comme un roman.
— *Sauvez les OGM*, Jean-Claude Jaillette et Axel Kahn, Hachette Littératures, 2009.
Seul livre « pour » les OGM par un des premiers « contre »,

qui a changé d'opinion au fil des ans. L'auteur est surtout effrayé par le fond d'antiscience du combat contre les OGM.
— *Les OGM, l'environnement et la santé*, Marcel Kuntz, Ellipses, 2006.
Un autre livre « pour », assez difficile, par un chercheur promoteur de la transgenèse qui pourfend les arguments des « contre », notamment G.-É. Séralini.
— *OGM, le nouveau Graal ? Un dialogue à quatre voix : le scientifique, l'écologiste, l'industriel et la journaliste*, Pierre Feillet, Belin, 2009.
Passionnant, facile à lire, mesuré, équilibré, bien mené, voilà un excellent livre pour tenter de se faire une opinion sur le sujet, à tout le moins de commencer son acculturation.
— *OGM. Tout s'explique*, Christian Vélot, Goutte de sable, 2009.
Drôle, illustré, écrit par un « anti », ce livre explique en effet tout sur les OGM, la transgenèse et la génétique, de manière aussi plaisante que sérieuse.
— *Nourrir l'humanité, les grands problèmes de l'agriculture mondiale au XXIe siècle*, Bruno Parmentier, préface d'Edgard Pisani, La Découverte, 2007.
Ce n'est pas le plus facile à lire, mais c'est sans doute l'un des plus complets sur l'avenir de l'agriculture. De la technique aux subventions, de la France au monde, tout y est. Préfacé par l'un des pères de l'agriculture productiviste, qui revisite ses choix.
— *9 milliards d'hommes à nourrir : un défi pour demain*, Marion Guillou et Gérard Matheron, François Bourin éditeur, 2011.
Un plaidoyer pour une correction du modèle productiviste et d'échanges actuel, par la présidente de l'INRA et le président du Cirad. Développant des scénarios, les auteurs plaident pour une révolution des rapports avec le Sud et, surtout, pour un investissement massif sur l'agriculture.

— *Nourrir la planète. Pour une révolution doublement verte*, Michel Griffon, Odile Jacob, 2006.
Un classique, très bien écrit : on peut nourrir largement 3 milliards de Terriens supplémentaires, à condition de bouleverser les modes de production et d'échanges actuels. Sinon…
— *Pour des agricultures écologiquement intensives*, Michel Griffon, Éditions de l'Aube, 2011.
Le livre sur l'agroécologie, une référence.
— *Les OGM*, Martine Parésys, Le Cavalier Bleu éditions, 2009.
Dans l'excellente collection « Idées reçues », une très bonne base avant de se lancer dans la découverte des OGM.

CHARTE
Delachaux et Niestlé

1. L'éditeur nature de référence **depuis 1885.**
2. Le fonds éditorial le plus complet en langue française avec **plus de 250 ouvrages** consacrés à la nature et à l'environnement.
3. Des auteurs **scientifiques et naturalistes reconnus**
4. Les **meilleurs illustrateurs naturalistes**, pour la précision et le réalisme.
5. Des ouvrages spécifiquement adaptés à l'utilisation sur le terrain.
6. Des **contenus actualisés** régulièrement pour relayer les avancées scientifiques les plus récentes.
7. Une **démarche éco-responsable** pour la conception et la fabrication de nos ouvrages.
8. Une **approche pédagogique** qui sensibilise les plus jeunes à l'écologie.
9. Une réflexion qui éclaire les grands débats sur l'environnement (biodiversité, changement climatique, écosystèmes).
10. Une implication aux côtés de tous ceux qui œuvrent en faveur de la **protection de l'environnement** et de la conservation de la biodiversité.

*Retrouvez le **détail de la Charte** sur :* www.delachauxetniestle.com

ACHEVÉ D'IMPRIMER EN MARS 2013
SUR LES PRESSES DE NORMANDIE ROTO S.A.S. À LONRAI
N° D'IMPRESSION : 130857
IMPRIMÉ EN FRANCE

Reid McClung